含章·图鉴系列

恐龙图鉴

赵文斌 主编

江苏凤凰科学技术出版社 · 南京

图书在版编目（CIP）数据

恐龙图鉴 / 赵文斌主编. — 南京：江苏凤凰科学技术出版社，2017.4（2022.5 重印）

（含章·图鉴系列）

ISBN 978-7-5537-5609-7

Ⅰ.①恐… Ⅱ.①赵… Ⅲ.①恐龙 – 图集 Ⅳ.①Q915.864-64

中国版本图书馆CIP数据核字(2015)第257848号

含章·图鉴系列

恐龙图鉴

主　　　编　赵文斌
责 任 编 辑　汤景清　倪　敏
责 任 校 对　仲　敏
责 任 监 制　方　晨

出 版 发 行　江苏凤凰科学技术出版社
出版社地址　南京市湖南路 1 号 A 楼，邮编：210009
出版社网址　http://www.pspress.cn
印　　　刷　天津丰富彩艺印刷有限公司

开　　　本　880 mm × 1 230 mm　1/32
印　　　张　6
插　　　页　1
字　　　数　230 000
版　　　次　2017年4月第1版
印　　　次　2022年5月第2次印刷

标 准 书 号　ISBN 978-7-5537-5609-7
定　　　价　39.80元

图书如有印装质量问题，可随时向我社印务部调换。

前言

　　恐龙是一群令人称奇的动物，它们是地球的第一位主宰者，拥有庞大的身体。恐龙曾称霸地球长达 1.6 亿年之久，然而却在一场未知事件中全部离奇死亡、消失，只留下一些残骸作为生命的证据。人类探索恐龙的序幕开始于 200 多年前，一位英国乡村医生发现了第一块恐龙骨骼化石，而今，随着现代科技水平的提高，越来越多的恐龙化石被发掘。为了让读者进一步认识恐龙，我们编写了《恐龙图鉴》一书。

　　目前，世界上已经被描述过的恐龙有 650~800 种，其中比较有名的恐龙有暴龙、始盗龙、赫雷拉龙等。《恐龙图鉴》一书精心筛选出 2 目 7 亚目 154 种恐龙，书中所选的恐龙均是目前已被命名的恐龙，每种恐龙的标题统一使用中文学名，并配有经过翻译的拉丁文意，方便读者认识、查找。同时，本书还详细介绍了每种恐龙的生存时代、身体部位特征、恐龙命名者、化石分布、恐龙体长、体重、食性等方面的内容。此外，《恐龙图鉴》为每种恐龙配有高清晰度的彩色照片，以图片的形式展示恐龙各部位特征，方便读者辨认。同时还配有相应的化石图片，为读者了解并走近恐龙提供参考。

　　《恐龙图鉴》是现代人认识恐龙的指南，是一本严谨的科普读物。在《恐龙图鉴》的编写过程中，我们得到了多位专家的鼎力帮助与支持，对《恐龙图鉴》一书的编写提出了宝贵意见，在此表示感谢。由于水平有限，书中难免存在一些小差错，恳请广大读者批评指正。

阅读导航

向读者介绍恐龙的科属和生存时代。

此版块详细介绍恐龙的历史、身体特征、身体结构、捕食类型、发掘过程等，方便读者了解恐龙。

介绍命名者和化石分布，可让读者了解某种恐龙的发现人和曾经生活的区域，方便读者查询和探索。

科：偷蛋龙科
生存时代：白垩纪晚期

葬火龙

葬火龙生活于白垩纪的蒙古，化石发现地点为戈壁沙漠乌哈托喀的德加多克塔组。模式种是奥氏葬火龙，另一个标本未被命名。葬火龙因为有着几组保存完好的骨骼，包括几个在巢中孵蛋的标本，因此是最出名的偷蛋龙科恐龙之一。葬火龙的最为显著的特征是它有着高头冠。它的头颅骨很短，有很多洞孔，喙嘴坚固，没有牙齿。它的颈部较其他兽脚亚目长，前肢长，有3指，可抓握，上有弯曲的指爪。胫骨与足部长，显示它们可以高速奔跑。尾巴较短。

◎ 命名者：詹姆斯 · 克拉克、马克 · 诺瑞尔、瑞钦 · 巴思钵。

◎ 化石分布：蒙古。

前肢：
前肢比其他同类长，有尖指，可以抓握

头冠：
最为显著的特征就是它的高头冠
颈部：
颈部比较长
尾巴：
较短
脚部：
支撑力比较强，可以高速奔跑

体长：2 米	体重：未知	食性：肉食

62 恐龙图鉴

此版块从体长、体重、食性三个方面简单明了地介绍恐龙最重要的基本信息。

科： 阿瓦拉慈龙科
生存时代： 白垩纪晚期

单爪龙

　　单爪龙生活在上白垩纪的蒙古，距今约7500万年。它的名字意为"单一的爪"，是因为它的前肢只有一个爪子。目前只发现一个标本，包含部分骨骼、头颅骨的碎片、完整的脑壳，缺少尾巴。单爪龙是一种小型恐龙，身长约1米，它有着奇特而短粗的前肢，前肢上有一只约10厘米长的指爪，另外两个指爪则已退化、消失，指骨、尺骨与肱骨的长度非常接近，胸骨具有较大的龙骨突。它有一副轻盈的骨骼，一条长长的尾巴与苗条的双腿，这表明它可以迅速地奔跑。科学家们根据它奇特的指爪推测单爪龙以此来挖开白蚁巢，可能以昆虫为食。

◐ 命名者：珀尔等人。
◐ 化石分布：蒙古。

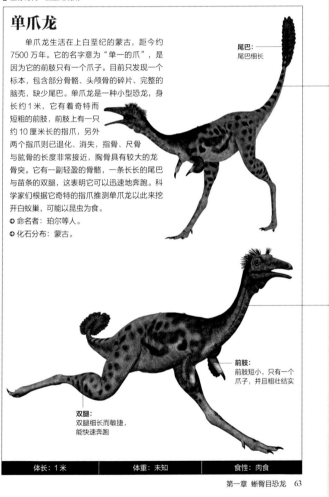

尾巴：
尾巴细长

前肢：
前肢短小，只有一个
爪子，并且粗壮结实

双腿：
双腿细长而敏捷，
能快速奔跑

全书配以高清美图，精准图解，可以让读者从视觉上达到一眼识别的目的。

通过对恐龙身体各部位的图解，可以让读者快速地认识和了解恐龙身体的结构。

体长：1米	体重：未知	食性：肉食

第一章 蜥臀目恐龙　63

目录

异特龙

第一章　蜥臀目恐龙

角鼻龙

棘龙

伶盗龙

第二章　鸟臀目恐龙

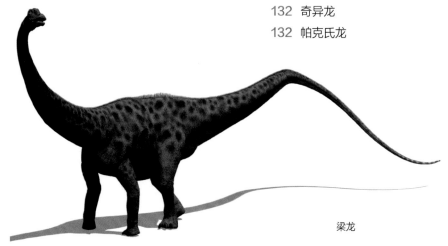

梁龙

戟龙

恐龙起源的传说

恐龙最早出现在距今约 2.25 亿年的三叠纪晚期，灭亡于约 6500 万年前的白垩纪晚期发生的生物大灭绝事件。在这期间，恐龙支配、统治地球的生态系统时间长达约 1.65 亿年。恐龙生活的年代距离我们非常遥远，我们无法直接了解恐龙这一神秘的物种。现代人对恐龙的研究主要是通过恐龙化石。恐龙化石分为骨骼化石和生痕化石，主要保存在中生代时期形成的沉积岩中。

在很早之前，欧洲人已经知道了在地下埋藏着很多形状奇异的大型动物骨骼化石，但是也仅仅限于知道它们的存在，而并不了解这些巨大遗骸的具体归属。

相传在我国晋朝时期，在四川武涉县已经发现有恐龙化石，然而，受当时科技知识等各方面的因素限制，人们把化石误认为是"龙骨"。

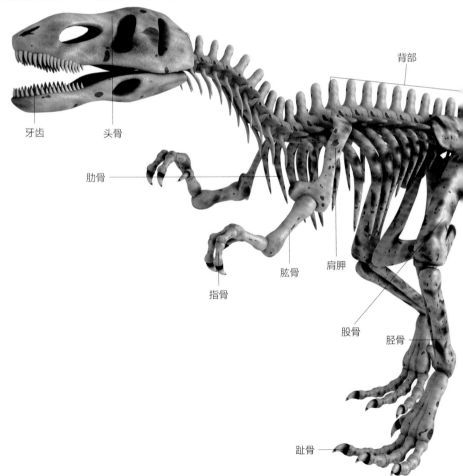

牙齿　　头骨　　背部　　肋骨　　肱骨　　肩胛　　指骨　　股骨　　胫骨　　趾骨

恐龙化石

目前，人们对恐龙的研究和认知都是来源于它们的骨骼和牙齿，恐龙和爬行动物、哺乳动物及鸟类一样，都属于四足脊椎动物。

禽龙是科学史上最早有明确记载的恐龙。说起它的来源，有这样一个典故。1822年，在英国南部的苏塞克斯郡，有一位名字叫作曼特尔的医生，他特别热爱大自然，并在工作之余热衷于收集各种化石。时间长了，在他潜移默化的影响下，他的妻子也成了一位热爱收集化石的人。有一天，曼特尔夫人外出给曼特尔医生送衣物，在正在修建的公路旁断开的岩层中偶然发现了一些奇形怪状的大型动物牙齿化石，曼特尔夫人把这些化石带回了家中。曼特尔医生坚持不懈地考证和研究，后来接触到一位研究鬣蜥动物的博物学家，经过对比研究，认为这些化石是一种与鬣蜥同类型、已灭绝的远古时代的爬行动物，并命名这些化石为"Lguanodon"，翻译成中文名字就是"禽龙"。之后，越来越多种类的恐龙化石被发现，通过科技复原，人们对恐龙的形态和生活习性有了更多的了解。

恐龙进化的第一步发生在二叠纪。刚开始，一种新的爬行动物出现，它们被称为"初龙"。不久，一部分初龙学会了用双脚直立行走。

恐龙的头骨

头骨是辨认恐龙品种的一个重要标识，不同世纪、不同品种的恐龙头骨各异，保存较完整的头骨化石，对于恐龙的形态研究具有重要科学价值。

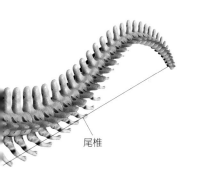

尾椎

雷巴齐斯龙头骨

雷克斯霸王龙的头骨

迅猛龙头骨

恐龙的分类

经过对已发现恐龙化石的研究，根据臀部腰带结构的不同，恐龙被分为以下两大类。按照更加细致的分类，恐龙分2目7亚目57科350余属800多种。《恐龙图鉴》是按照恐龙的7个亚目（即恐龙的7个类）对恐龙进行分类介绍的。

恐龙

蜥臀目

蜥臀目恐龙的特点是它的腰带从侧面看是三射型，耻骨在肠骨下方向前延伸，坐骨向后延伸。

兽脚亚目

蜥脚亚目

暴龙　　　　始盗龙　　　　巨兽龙　　　　迷惑龙　　　　马门溪龙　　　　梁龙

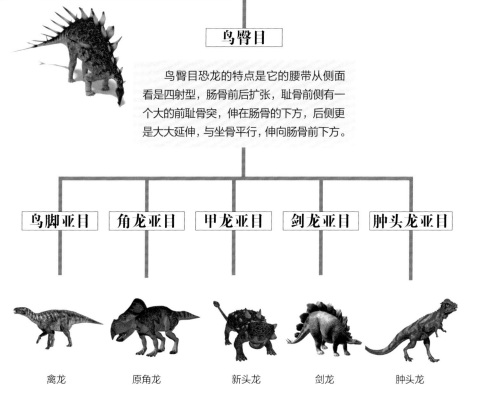

鸟臀目

鸟臀目恐龙的特点是它的腰带从侧面看是四射型，肠骨前后扩张，耻骨前侧有一个大的前耻骨突，伸在肠骨的下方，后侧更是大大延伸，与坐骨平行，伸向肠骨前下方。

| 鸟脚亚目 | 角龙亚目 | 甲龙亚目 | 剑龙亚目 | 肿头龙亚目 |

禽龙　　　　原角龙　　　　新头龙　　　　剑龙　　　　肿头龙

恐龙的进化

恐龙是怎样进化而来的？这是科学家们一直在寻找和搜索答案的一个问题。一种观点认为，恐龙及现代爬行动物的共同祖先，是像蜥蜴一样的小型动物，名叫"杨氏鳄"，约30厘米长，走起路来摇摇晃晃，靠捕食虫子为生，它们的后代进化为两类：一类是继续吃虫子的真正的蜥蜴；另一类是半水生的早期类型的初龙。恐龙、鳄鱼和翼龙类都是在三叠纪时期从初龙进化而来。

初龙

早期类型的初龙与恐龙有较为可靠的亲缘关系，其最早出现于二叠纪晚期，背部有骨质鳞甲。到了三叠纪时期才出现了真正的鳄鱼，并且进一步进化成为生活在陆地上的各种初龙，典型的代表就是植龙，只需瞧上植龙一眼，就会发现它的外貌与鳄鱼像极了。植龙和鳄鱼一样是肉食性动物，不过植龙的后代也有进化成素食性的，但无论是肉食性的还是素食性的都拖着一条粗大而有力的尾巴，它能在水中起到"推波助澜"的作用。

为了提高划水速度，它们的前肢移到了后腿上，因此前肢短小，后腿粗大有力，在水中穿梭自如，但是后来因为天气越来越干旱，水中的恐龙迫不得已来到岸上，在岸上因为前肢短、后腿长的缘故，走起路来并不方便，有些初龙便改为用后腿走路，即直立行走。为了保证前后平衡，长而粗大的尾巴起到了重要的作用，这也是恐龙进化的关键一步。

也有一种说法认为，恐龙的祖先是一种小型的初龙，名叫"派克鳄"，体长60~100厘米，由更早的半水生动物进化而来，拖着一条笨重的尾巴，长着一双比前腿稍微长一些的后腿，看起来似一只用两条腿走路的恐龙，但实际上它还是用四肢行走的，偶尔才用两条后腿奔跑。派克鳄与大型似哺乳动物犬鸽兽生活在同一世纪，当遇到危险时，派克鳄会很快跑开，由于它自身也是一种肉食恐龙，那双后腿能帮助它在追捕猎物时移动得更快，久而久之，派克鳄进化成了恐龙。

蜥臀目

蜥臀目首次出现于陆地时，是一群小型、原始的物种，它们首次出现于卡尼阶中或晚期（三叠纪晚期第一个时期）。它们被发现于巴西、马达加斯加以及摩洛哥。蜥臀目包括兽脚类、原蜥脚类和蜥脚类等几大类恐龙，其中的成员，个体差异很大，生活习性各不相同。有的只有鸡一般大小，有的长达三四十米、高十多米、重几十吨到近百吨。食性上，有凶猛的肉食者，也有温和的植食者，还有肉和植物兼食的杂食者，它们大都生活在陆地上。蜥臀目的腰带从侧面看是三射型，耻骨在肠骨下方向前延伸，坐骨则向后伸，这样的结构与蜥蜴类相似。

犹他盗龙

剑角龙

蜥臀目恐龙中最早出现的是兽脚亚目恐龙，包括角鼻龙下目、肉食龙下目、恐爪龙下目、似鸟龙下目、窃蛋龙下目等，生活在三叠纪晚期至白垩纪。它们一般为肉食龙，两足行走，趾端长有锐利的爪子，嘴里长着匕首或小刀一样的利齿。暴龙类是著名代表。

蜥脚亚目生活在三叠纪晚期至白垩纪，其中原蜥脚类主要生活在三叠纪晚期到侏罗纪早期，是一类杂食或素食性的中等大小恐龙；蜥脚类主要生活在侏罗纪到白垩纪，大多数都是巨型的素食恐龙，头小，脖子长，尾巴长，牙齿呈小匙状。蜥脚亚目的著名代表有产于中国四川、甘肃的侏罗纪晚期的马门溪龙，其由 19 节颈椎组成的脖子，长度约等于体长的一半。

鸟臀目

鸟臀目恐龙比蜥臀目恐龙出现得晚，它们之间的关系至今仍是个未解之谜。所有的鸟臀目恐龙都是草食动物，首先出现的鸟臀目恐龙是覆盾甲龙类。鸟臀目恐龙除一些早期类群外，都是四足行走。由于鸟臀目恐龙性情温和，不具进攻性，因而往往成为肉食性恐龙的裹腹之物。在长期的进化过程中，鸟臀目恐龙逐渐发育出了多种多样的防御结构，如各种爪子、角、甲胄等防身武器。鸟臀目恐龙种类繁多，形态多样，其中不少是恐龙家族中最古怪的成员。鸟臀目的腰带、肠骨前后都大大扩张，耻骨则有一个大的前突起，伸在肠骨的下方，因此，骨盆从侧面看是四射型，四个突出部分由肠骨的前部、后部，耻骨前支（也称前突或前耻骨）和紧挤在一起的坐骨和耻骨体及耻骨后支构成。

恐龙生活的年代

恐龙生活在中生代时期，中生代的时间跨度大约为 1.8 亿年。按照时间顺序，中生代可以分为三个阶段：三叠纪、侏罗纪和白垩纪。

三叠纪

三叠纪时爬行动物和裸子植物崛起。三叠纪位于二叠纪和侏罗纪之间，也就是 2.5 亿至 2.08 亿年前。经过二叠纪晚期的物种大灭绝之后，地球的生态系统历经许久才恢复正常的状态。三叠纪中期，地球陆地状况出现变化，赤道地带出现了大面积的陆地，暴雨和干旱相继支配着陆地的环境系统，气候总体上来说趋于温暖。

赫雷拉龙

爬行动物在三叠纪崛起，主要由槽齿类、恐龙类、似哺乳的爬行类组成。典型的早期槽齿类表现出许多原始的特点，且仅限于三叠纪，其总体结构是后来主要的爬行动物以至于鸟类的祖先模式。恐龙类最早出现于三叠纪晚期，有两个主要类型：较古老的蜥臀类和　　较进化的鸟臀类，例如赫雷拉龙、始盗龙、南十字龙、板龙等。早期的恐龙是二足动物，体型较小，属肉食性动物。海生爬行类在三叠纪首次出现，由于适应水中生活，其体形呈流线式，四肢也变成桨形的鳍；似哺乳爬行动物亦称兽孔类，四肢向腹面移动，因此更适于陆地行走。

哥斯拉龙

侏罗纪

侏罗纪是一个地质时代，介于三叠纪和白垩纪之间，1.996 亿年前至 1.455 亿年前，侏罗纪是中生代的第二个纪，开始于三叠纪——侏罗纪灭绝事件。虽然这段时间的岩石标志非常明显和清晰，其开始和结束的准确时间却如同其他古远的地质时代，无法非常精确地被确定。

侏罗纪时期地球气候湿润，有利于生物繁殖，因此这个时期也是恐龙的鼎盛时期，在三叠纪出现并开始发展的恐龙已迅速成为地球的统治者。各类恐龙欢聚一堂，构成一个千姿百态的恐龙的世界。当时除了陆地上的身体巨大的迷惑龙、梁龙、腕龙等，水中的鱼龙和能飞行的翼龙等也大量发展和进化。

腕龙

迷惑龙

白垩纪

白垩纪是中生代的最后纪，始于1.455亿年前，结束于6550万年前，历经8000万年。这段时期，陆地被海洋分开，地球变得温暖、干旱。许多新的恐龙种类开始出现，但剑龙类恐龙急剧减少，兽脚类恐龙、蜥脚类恐龙、鸟脚类恐龙、角龙类恐龙在这一时期比较繁盛。所以说恐龙仍然统治着陆地，翼龙在天空中滑翔，巨大的海生爬行动物统治着浅海。最早的蛇类、蛾、蜜蜂以及许多新的小型哺乳动物在这个时期也出现了。

单爪龙

三觭龙

恐龙存在的证据

在生物死后，如果身体里的坚硬物质（例如骨骼、牙齿等部位）能够保存下来，并被某种能阻碍分解的物质迅速埋藏起来，就有可能形成生物化石。例如海生动物死亡后沉在海底，被软泥覆盖，软泥在后来的地质时代中则变成页岩或石灰岩。较细粒的沉积物不易损坏生物的遗体。在德国侏罗纪时期的某些细粒沉积岩中，就很好地保存了一些诸如鸟、昆虫、水母这类脆弱的生物的化石。

对恐龙的研究主要是通过恐龙化石。恐龙化石分为骨骼化石和生痕化石，主要保存在中生代时期形成的沉积岩中，这些化石就是恐龙存在的证据。恐龙化石提供了有关恐龙的活动方式和生活环境的证据。化石上面的"痕迹"是恐龙当时生活环境的一种重要指示物，对于追溯恐龙的发展演化有重要作用。

生物化石的形成过程

1. 在中生代时期，恐龙在水边聚集，喝水或者觅食。

2. 由于生理或者环境因素，恐龙在水边死去，并开始腐烂、分解。

3. 水边的沉淀物迅速掩盖住了骨骼，又经过时代变迁，水塘变成了沙漠或者高山丘陵。

4. 开采或者自然风化使化石层暴露出来。

发现与挖掘

特定种类的岩石才会富含恐龙化石，其中包括沉积砂岩、页岩和沙漠、沼泽、湖泊中的泥岩。因为这些泥岩大多含有某种矿物质，能渗进骨骼和其他组织取代原来的矿物质。恐龙的化石大部分都是在山坡或悬崖里找到的，这些地方因为受到严重的侵蚀，深层岩石暴露了出来，采石场和矿洞也是经常发现恐龙化石的地方。如果在坚硬的岩石中发掘恐龙化石，则需要使用大型工具和炸药。不过，古生物学家对化石挖掘都是非常小心的，他们要评估化石的完整度和大小，所以不能损害化石脆弱的结构。

追溯化石

除了骨骼、表皮和牙齿化石外，恐龙还留下了很多其他有关生存与生活方式的线索，如脚印化石。恐龙的脚印在阳光下晒干后也能够保存下来，其作为恐龙研究的一个新分支，它有着恐龙骨骼化石无法替代的作用。骨骼化石保存了恐龙生前身后一些支离破碎的信息，足迹化石保存的却是恐龙在日常生活中的精彩瞬间。这些足迹不仅能反映恐龙日常的生活习性、行为方式，还能解释恐龙与其环境的关系，这些都是古生物学家梦寐以求的宝贵信息。

恐龙蛋化石

珍贵的恐龙蛋化石也能帮助古生物学家研究发现恐龙繁衍、习性的奥妙。在完整的恐龙蛋化石中，有相当一部分含有胚胎，恐龙蛋化石可呈窝状产出，排列有序，由此可见，小恐龙和小鸟一样，会本能地待在巢里，无论它们的父母发生什么事都不离开。有些恐龙的巢互相靠得很近，专家因此推测恐龙可能有群居习惯。

恐龙灭绝的猜想

从距今约 2.25 亿年的三叠纪晚期恐龙出现，到距今约 6500 万年的白垩纪晚期恐龙灭绝，恐龙作为直立行走的神秘动物统治了地球的生态系统长达 1.65 亿年。那么，是什么原因导致了恐龙最终的灭绝呢？针对这个问题，世界各地的科学家们提出了很多理论和解释，历史上关于恐龙灭绝的著名猜想主要有以下几种。

陨星撞击说

"陨星撞击说"源于 1980 年美国科学家阿弗雷兹父子，在 6500 万年前的地层中发现的浓度超过正常浓度 200 多倍的铱。科学家推测当时是一颗直径约 10 千米的小行星撞击了地球，并引发了强烈的爆炸、火山喷发以及海啸等重大灾难，爆炸引起的灰尘改变了地球的气候环境，地球终年灰暗不见阳光，导致了恐龙灭绝。科学家甚至于 1991 年在墨西哥的尤卡坦半岛发现一个巨大的陨星撞击坑。这一切似乎都解释着恐龙灭绝的原因。然而，有很多人质疑，为什么鸟类能够渡过陨星撞击的巨大灾难并生存至今呢？于是，人们依旧寻找着恐龙灭绝的其他原因。

气候变化说

在白垩纪晚期，由于地球板块移动导致了地球上陆地的分离和变化。海洋环境也发生了巨大变化，海平面升高，引起了地球气候的干旱。气候的变化使得恐龙找不到可以吃的食物，恐龙自身的身体系统也难以适应变化了的地球环境。气候的剧烈变化还影响了恐龙的卵。有科学家发现，白垩纪晚期恐龙蛋的蛋壳比其他时期的恐龙蛋壳要薄。他们推测这就是气候变化对恐龙的身体产生的影响。另外，我国有古生物学家发现，白垩纪晚期恐龙灭绝之前的恐龙蛋化石的气孔比其他时期的恐龙蛋化石的气孔要少，有人认为这与当时气候的干旱有关。

温血动物说

　　最开始，科学家们认为恐龙和爬行动物都属于冷血动物或者变温动物。然而，随着越来越多种类的恐龙被发现，越来越多的恐龙化石被发掘，资料越来越完善，加上现代科技水平的提高，人们对过去的这一认识和想法发生了改变。有人认为恐龙中有些种类可能属于温血动物。在已发现的众多恐龙类型中，不乏体型较大的恐龙，有的恐龙后腿粗壮，肌肉发达，据推测，它们奔跑起来速度很快，可能达到每小时50千米。这样的奔跑速度，对于恐龙的能量消耗是很大的，因此恐龙需要含高度热量的食物来维持强壮的心脏以及很快的新陈代谢。而我们知道，冷血动物是不需要那么多热量的。从食肉恐龙远远少于食草恐龙来看，这一点也是合理的。另外，经科技复原，发现一些恐龙的身上覆盖着一层羽毛或毛发，科学家推测这些毛发是为了防止恐龙身上的温度散失，就像动物中猫狗用体毛御寒一样的道理。基于以上的观点，有人提出恐龙是温血性动物，在白垩纪晚期由于气候变得寒冷，恐龙身躯庞大，抵御不了寒冷，又无从取暖，因而灭亡。有人对此提出疑问，认为这个说法不符合体型较小的恐龙灭亡原因。因此，这个观点也存在诸多不完善的地方。

火山爆发说

　　"火山爆发说"是由意大利著名物理学家安东尼奥·齐基基提出的。他认为恐龙大灭绝的原因可能是大规模的海底火山爆发。他指出，人们都知道现代的火山爆发对海洋气候的影响力是十分巨大的，而人们并不了解6500万年前的白垩纪晚期海底火山爆发的威力，当时的火山爆发产生的影响力和摧毁力可能更加巨大，是人们难以想象的。火山爆发影响了海水的热平衡，进而引起了陆地气候的变化，间接影响了恐龙的觅食和捕食，影响了恐龙的生存。因此，他认为可以把火山爆发作为研究恐龙灭绝的一个重要参考因素。

自相残杀说

　　有人提出恐龙灭绝的原因可能是因为它们自相残杀。恐龙分为肉食性恐龙和草食性恐龙，肉食性恐龙吃草食性恐龙和其他动物，并且肉食性恐龙的数量增加更加造成了草食性恐龙的减少。由于气候变化，适合草食性恐龙吃的植物越来越少，肉食性恐龙也无食可吃，结果就导致恐龙灭绝了。但是这种说法同样也遭到了质疑。因为有资料显示，恐龙是在白垩期末期突然灭绝的，而恐龙的自相残杀导致的后果应是恐龙的逐步灭绝而非突然灭绝。

周期性变化说

　　科学家通过遗迹、传说、记录、考证以及对数亿年前化石、琥珀等的研究发现，地球每隔一段时间会发生一些剧烈的周期性变化，每次发生时都会造成物种的大量灭绝和新物种的爆发。科学家认为在白垩纪晚期发生了这种周期性变化，因而导致了恐龙的大灭绝。

第一章
蜥臀目恐龙

蜥臀目恐龙生活在三叠纪晚期至白垩纪，
包括兽脚亚目和蜥脚亚目。
其中兽脚亚目恐龙大多都是肉食性恐龙，
蜥脚亚目恐龙多是大型草食性动物的演化支。
蜥臀目恐龙主要的特征是组成其腰带的
髂骨、坐骨和耻骨三者间的结构形式
与其他爬行动物相近，即三射型或三放型腰带。

始盗龙

始盗龙属于小型恐龙，成年后约有1米长，重量约10千克。它以后腿支撑身体，是趾行动物，因此它的前肢只是后腿长度的一半。并且它的每只前肢都有五趾，其中最长的三根趾都有爪，被推测是用来捕捉猎物的，科学家推测其第四及第五根趾太小，不足以在捕猎时发生作用。始盗龙能够快速地短跑，当捕捉猎物后，会用趾爪及牙齿撕开猎物，据推测它可能主要吃小型的动物。

但是，由于它同时有着肉食性及草食性的牙齿，所以它也有可能是杂食性动物。由于始盗龙缺乏某些恐龙的专有特征及掠食性动物的特征而被认为是最原始的恐龙之一。

⊃ 命名者：保罗·塞里诺。

⊃ 化石分布：阿根廷。

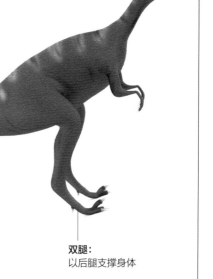

双腿：
以后腿支撑身体

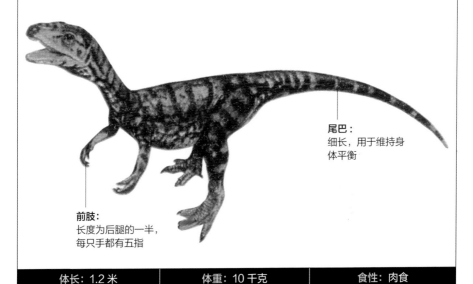

尾巴：
细长，用于维持身体平衡

前肢：
长度为后腿的一半，每只手都有五指

体长：1.2米	体重：10千克	食性：肉食

赫雷拉龙

　　赫雷拉龙是轻巧的肉食性恐龙，有长尾巴及相当小的头。赫雷拉龙的头颅骨长而且窄，跟较原始的主龙类（如派克鳄）没有多大差异，但是却几乎没有后期恐龙的所有特征。它的头颅骨上有 5 对洞孔，其中 2 对是眼窝及鼻孔。在眼睛与鼻孔之间是 1 对眶前孔及 1 对长 1 厘米、像裂缝的洞孔，称为原上颌孔。在眼睛后是大的下颞孔。这些洞孔有助于降低头颅骨重量。赫雷拉龙下颌灵活，嘴部有大型锯齿状牙齿，牙齿往后弯曲。颈部修长、灵活。其前肢小于后腿长度的一半，后腿强壮，股骨较短，而脚掌较长，可见它善于奔跑。

❍ 命名者：奥斯瓦尔多·雷格。

❍ 化石分布：阿根廷。

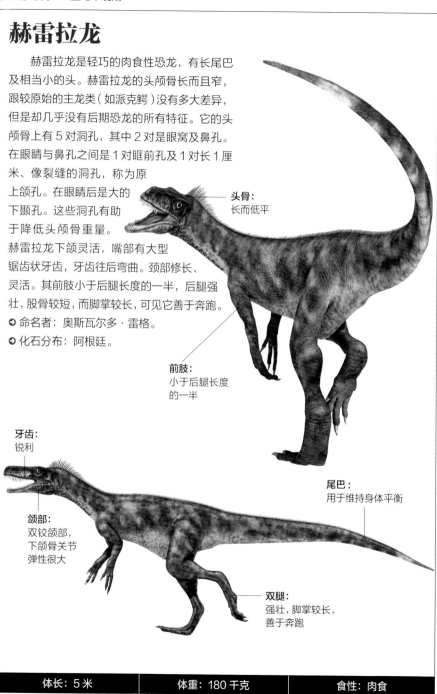

头骨：
长而低平

前肢：
小于后腿长度
的一半

牙齿：
锐利

颌部：
双铰颌部，
下颌骨关节
弹性很大

尾巴：
用于维持身体平衡

双腿：
强壮，脚掌较长，
善于奔跑

| 体长：5 米 | 体重：180 千克 | 食性：肉食 |

哥斯拉龙

　　哥斯拉龙化石发现于美国新墨西哥州奎伊县的铜峡谷地层，生活于三叠纪晚期诺利阶，距今约 2.1 亿年。哥斯拉龙的模型标本是一个亚成年个体的部分骨骼，包括一颗有锯齿边缘的牙齿、四根肋骨、四节脊椎、骨盆以及一根胫骨。科学家根据化石估计，哥斯拉龙的身长约 5.5 米，体重 150~200 千克，是当时的大型肉食性动物之一。

◐ 命名者：卡朋特。

◐ 化石分布：美国新墨西哥州。

牙齿：
有锯齿边缘

体型：
中等，长约 5.5 米

四肢：
前肢短小，后腿粗壮有力

体长：5.5 米	体重：150~200 千克	食性：肉食

并合踝龙

　　并合踝龙生存于 2 亿至 1.94 亿年前的三叠纪晚期至侏罗纪早期。由于在美国新墨西哥州、亚利桑那州、马萨诸塞州和犹他州都发现了它的化石，并且在非洲和南美洲也曾发现了同属种的化石标本，因此推测并合踝龙是一类从其祖先的生活环境扩展至世界各地的例子。并合踝龙的明显特征为修长健壮的身体，粗大的尾巴，前后足有 3 只锋利的尖爪。

◐ 命名者：不详。

◐ 化石分布：美国新墨西哥州、亚利桑那州、马萨诸塞州、犹他州，非洲，南美洲。

尾巴：
粗大，维持身体平衡

双腿：
粗壮，有 3 只锋利的尖爪

体长：3 米	体重：32 千克	食性：肉食

科： 南十字龙科
生存时代： 三叠纪晚期

南十字龙

　　南十字龙是种小型的兽脚亚目恐龙，生活于三叠纪晚期的巴西，是已知最古老的恐龙之一。南十字龙的唯一标本发现于巴西南部南里约格朗德州的圣玛利亚组地层，由当时在美国自然史博物馆工作的内德·科尔伯特叙述、命名。南十字龙的化石只有大部分的脊椎骨、后腿和大型下颌，只有两个脊椎骨连接骨盆与脊柱，这是一个明显的原始排列方式。根据发现的南十字龙腿部的骨骸化石推测，南十字龙擅长奔跑。

○ **命名者：** 内德·科尔伯特。

○ **化石分布：** 巴西南部的南里约格朗德州。

前肢：
短小

双腿：
长而纤细的后腿，擅长奔跑

尾巴：
长而细，维持身体平衡

体长：2米	体重：30 千克	食性：肉食

科： 异特龙科　　**生存时代：** 白垩纪早期

挺足龙

　　挺足龙生存于白垩纪早期的法国。挺足龙的化石材料是在 19 世纪晚期被发现于法国东部默兹省的阿尔比阶地层。2005 年，阿兰对挺足龙化石重新鉴定，发现挺足龙的明显特征为上颌骨的前端圆形、股骨颈修长、跟骨前背缘向背侧突出、跟骨的长度为高度的两倍、第二跖骨的长度相当于股骨的一半、第二跖骨的近内侧后缘弯曲，而且该恐龙股骨、胫骨和跖骨是几乎直立的。

○ **命名者：** 休尼。

○ **化石分布：** 法国、埃及、葡萄牙。

上颌骨：
上颌骨的前端圆形

跟骨：
跟骨前背缘向背侧突出

体长：未知	体重：200 千克	食性：肉食

腔骨龙

腔骨龙又名虚形龙，是北美洲的小型、肉食性、双足恐龙，也是已知最早的恐龙之一。腔骨龙的化石完整，其头部具有大型洞孔，可帮助减轻头颅骨的重量，而洞孔间的狭窄骨头可以保持头颅骨的结构完整性。吻部尖细，使整个头部显得狭长。前肢相对短些，每只前肢有四指，其中有三指带爪，第四指则藏于手掌的肌肉内。后腿脚掌有三趾，而后趾是不接触地面的。腔骨龙的尾巴结构奇特，在其脊椎的前关节突互相交错，形成半僵直的结构，能制止其上下摆动，这样有利于腔骨龙在快速移动时保持身体平衡。它的主食是一些小型哺乳动物，也可能会袭击那些大型的食草恐龙。

🔁 命名者：爱德华·德林克·科普。

🔁 化石分布：美国亚利桑那州、新墨西哥州、犹他州。

牙齿：
像剑一样并向后斜，前后缘有着小型的锯齿边缘

尾巴：
结构特殊，奔跑时可以维持身体平衡和掌握方向

前肢：
有 3 只带爪的手指，用来辅助捕猎

双腿：
脚掌有三趾，并善于奔跑

体长：2.5~3 米	体重：15~30 千克	食性：肉食

中华盗龙

中华盗龙有两个种：董氏中华盗龙与和平中华盗龙。中华盗龙的正模标本是在 1987 年由菲力·柯尔与赵喜进发现于新疆的石树沟组，这次挖掘活动属于一个中国人与加拿大人组成的挖掘团队。董氏中华盗龙体长 7.2~7.6 米，头骨长 85 厘米，体重 1.5~1.7 吨。和平中华盗龙体长 8.5~9 米，头骨长 104 厘米，体重 2.4~3 吨。

○ 命名者：菲力·柯尔、赵喜进。

○ 化石分布：中国新疆准噶尔盆地。

头部：
头部较大，嘴里有细小排列整齐的牙齿

尾巴：
尾部尖细

前肢：
细小，有 3 个尖爪

后腿：
依靠双腿站立，比前肢长很多

| 体长：7.2~9 米 | 体重：1.5~3 吨 | 食性：肉食 |

宣汉龙

宣汉龙的化石是由中国古生物学家董枝明发现于中国四川省的下沙溪庙组。宣汉龙的前肢较其他兽脚亚目中的恐龙不同，它的前肢很长，而大部分后期兽脚亚目的前肢是很短小的。由于宣汉龙具有较长、较强壮的前肢，仍保留有第四掌骨，董枝明在为其命名的时候，推测它可能是用四肢行走的。但其他古生物学家则认为，它也和其他兽脚亚目恐龙一样以后腿行走，前肢用来辅助捕猎。

○ 命名者：董枝明。

○ 化石分布：中国四川省。

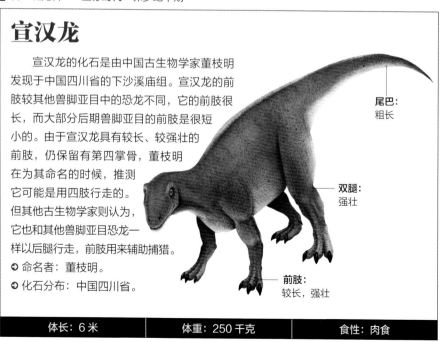

尾巴：
粗长

双腿：
强壮

前肢：
较长，强壮

| 体长：6 米 | 体重：250 千克 | 食性：肉食 |

科：双脊龙科
生存时代：侏罗纪早期

冰脊龙

冰脊龙又名冰棘龙或冻角龙，是一类大型的双足兽脚亚目恐龙，在其头部有一个像西班牙梳的奇异冠状物。冰脊龙的化石被发现于南极洲南极横贯山脉比尔德莫尔冰川柯克帕特里克峰。冰脊龙的化石是一个高且窄的头颅骨，约65厘米长。在其眼睛上方有个独特的头冠，垂直于头颅骨，两侧各有两个小角锥。头冠的外观很像一柄梳，有褶皱，从头颅骨向外延伸，在泪管附近与两侧眼窝的角愈合。据推测，这个头冠在打斗时易碎，因此可能是求偶时用的。冰脊龙是唯一在南极洲被发现的兽脚类恐龙。

◐ 命名者：威廉·哈默尔、威廉·J.希克森。
◐ 化石分布：南极洲。

头冠：
眼睛上方有个独特的头冠，外观很像一柄梳，有褶皱，从头颅骨向外延伸

| 体长：6米 | 体重：约460千克 | 食性：肉食 |

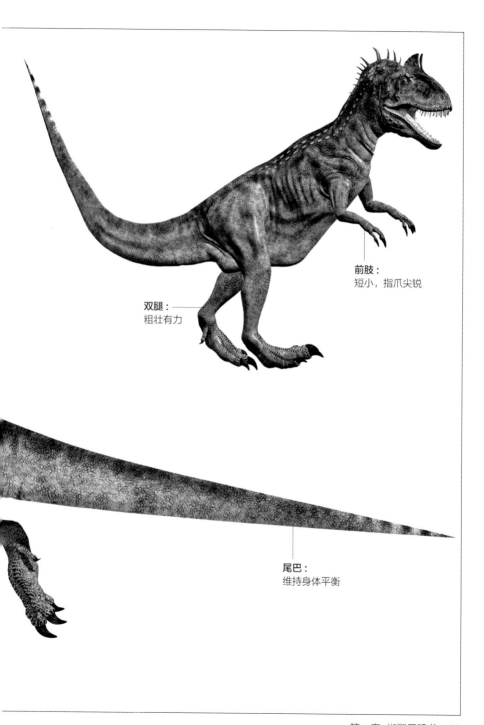

前肢：
短小，指爪尖锐

双腿：
粗壮有力

尾巴：
维持身体平衡

科：偷蛋龙科
生存时代：白垩纪晚期

斑比盗龙

　　斑比盗龙是一种类似鸟类的恐龙，生存于7500万年前。斑比盗龙的骨骼化石于1995年由一名14岁的化石爱好者在美国蒙大拿州的冰川国家公园发现。斑比盗龙的骨骼结构与鸟类非常接近，并且身披羽毛，但是脑部比现今鸟类较小，小脑较大，因此推测它比其他驰龙科更灵活及高智慧。斑比盗龙有着长臂及发展良好的叉骨，前肢腕关节可以折拢，与鸟类相似，胫骨长。

前肢：
类似鸟类双翼，前肢腕关节可以折拢

尾巴：
较长，可能有类似鸟类的羽尾

　◑ 命名者：大卫·伯纳姆等。
　◑ 化石分布：美国蒙大拿州。

| 体长：1米 | 体重：3千克 | 食性：肉食 |

科：镰刀龙科　　**生存时代：白垩纪晚期**

镰刀龙

　　镰刀龙的化石首次发现于蒙古，化石并不完整，但是可以参考其他镰刀龙科来研究镰刀龙。它拥有小型头部及喙状嘴，以及长颈部，宽广的骨盆可看出它们拥有宽广的大型身体，前肢很长，有3个巨大指爪，指爪长而弯曲、狭窄，第二指爪最长，这些指爪成为它的显著特征。它的脚部有4个脚趾，其中3个用来支撑重量，趾爪短而弯曲。另外推测它们可能长有羽毛。镰刀龙的食性仍在争论中，但它们最可能是草食性动物。

前肢：
手臂长，手部有3个巨大指爪

双腿：
有4个脚趾，趾爪短而弯曲

　◑ 命名者：叶甫根尼·马列夫。
　◑ 化石分布：蒙古、哈萨克斯坦。

| 体长：8~11米 | 体重：3~6吨 | 食性：草食 |

皮亚尼兹基龙

皮亚尼兹基龙属于斑龙科，生存于侏罗纪中期的南美洲。皮亚尼兹基龙的化石发现于阿根廷，地质年代属于侏罗纪中期的卡洛维阶。皮亚尼兹基龙的化石是两个破碎的头颅骨，以及部分的颅后骨骼。根据发现的化石研究，皮亚尼兹基龙是种中型、二足的肉食性恐龙，前肢粗壮，其有着特殊的脑壳构造，最为突出的是它们极为短窄的基蝶状骨横突，类似其他斑龙科的皮尔逊龙。

脑部:
有极为短窄的基蝶状骨横突

双腿:
粗壮，较长

前肢:
粗壮，较短

◆ 命名者: 约瑟·波拿巴。
◆ 化石分布: 阿根廷。

| 体长: 约4.3米 | 体重: 275~450千克 | 食性: 肉食 |

科: 巨齿龙科　　生存时代: 侏罗纪中期

气龙

生活在侏罗纪中期，主要分布在亚洲，其化石发现于中国四川省自贡市大山铺，当地属于下沙溪庙组，地质年代为侏罗纪中期的巴通阶与卡洛维阶，距今约1.64亿年。它的属名意指"天然气蜥蜴"，是为纪念发现气龙化石的天然气公司。根据发掘出的头骨和部分躯体骨骼复原的模型，显示它有尖锐、边缘呈锯齿状的牙齿，能撕裂生肉；前肢强有力，尖锐的爪子可以抓住小型猎物或者大型动物坚韧的外皮。

尾巴:
较长，维持身体平衡

前肢:
短小强壮有力，爪子强劲尖锐

◆ 命名者: 董枝明。
◆ 化石分布: 中国四川省自贡市大山铺。

| 体长: 3~4米 | 体重: 约150千克 | 食性: 肉食 |

科：斑龙超科
生存时代：侏罗纪中期

单脊龙

单脊龙又称单棘龙或单嵴龙，是一种肉食龙下目恐龙，生活于侏罗纪中期的中国。由于它们头颅骨上有单一冠饰，因此把它们命名为单脊龙。单脊龙这具完整的标本是1984年发现于五加湾组岩石，地质年代为1.68亿至1.61亿年前。单脊龙是中等大小、肉食性兽脚类恐龙，头骨长而粗壮，头顶上具有发育良好而高耸的脊冠。由于单脊龙的发现地区被发现出有水的迹象，所以推测单脊龙可能生存在湖岸或海岸地区。

◑ 命名者：菲力·柯尔、赵喜进。
◑ 化石分布：中国新疆准噶尔盆地。

颈部：
轻盈而灵活

前肢：
单脊龙的前肢细小

| 体长：5米 | 体重：450千克 | 食性：肉食 |

尾巴:
很长，可以起到平
衡身体的作用

头骨:
长而粗壮

牙齿: ——
整齐且较为
锋利

—— **后腿:**
后腿长而有力

永川龙

永川龙是一种大型食肉恐龙，生活在侏罗纪晚期的中国，化石发现于重庆市大山铺组的上沙溪庙地层，地质年代约为1.6亿年前。永川龙的头又大又高，近似三角形，头部两侧的六对大孔可以减轻头部的重量。永川龙的两个眼孔很大，说明它视力极佳，嘴里长着一排排匕首般的牙齿，十分锋利，另外它的脖子粗壮，这样造就了它巨大的咬力。它有着长着又弯又尖的利爪的灵活前肢，用这对利爪可以牢牢地抓住猎物。永川龙的双腿又长又粗壮，并且生有3趾，奔跑时3趾着地，这样能使它奔跑得十分迅速。永川龙还有着长长的尾巴，可以在它奔跑时作为平衡器维持身体平衡。

> 命名者：董枝明。

> 化石分布：中国重庆市永川区。

牙齿：
匕首般锋利的牙齿

前肢：
长有又弯又尖
的利爪，灵活

体长：10~11米	体重：约4吨	食性：肉食

头部：
又高又大，略呈
三角形

双腿：
又长又粗壮，
生有 3 趾，
奔跑迅速

尾巴：
长尾巴能在奔
跑时保持平衡

爪子：
又弯又尖，可抓
住猎物

科：虚骨龙科
生存时代：侏罗纪晚期

美颌龙

美颌龙又称细颚龙、细颈龙、新颚龙、秀颚龙，是小型的双足肉食性兽脚亚目恐龙，生存于侏罗纪晚期提通阶早期的欧洲，约 1.5 亿年前。美颌龙体型小巧，头颅骨有五对洞孔，其中最大的是眼窝，眼睛占头颅骨的比例很大，下颌修长，但没有下颌孔。牙齿细小锋利，适合吃小型的脊椎动物及其他动物，除了前上颌骨的前段牙齿外，其他的牙齿都有着锯齿边缘并大幅弯曲，这成为了科学家们辨别美颌龙及它的近亲的一个显著特征。它的脖子修长而灵活，前肢要比后腿小，有 3 指，都有利爪，用来抓捕猎物，后腿和尾巴细长。

➲ 命名者：约翰 · A. 瓦格纳。

➲ 化石分布：德国南部、法国南部。

眼睛：
相对于头部的比例很大
牙齿：
牙齿细小、锋利
前肢：
前肢比后腿小，掌上有长着利爪的 3 指，可以抓捕猎物或者辅助进食

体长：70 厘米	体重：3 千克	食性：肉食

头部：
细致、窄长，
鼻端呈锥形

后腿：
后腿特别细长，
依靠后腿站立
和行走

尾巴：
尾巴较长，尾巴末端
很细，整个尾巴可在
移动时平衡身体

虚骨龙

虚骨龙又名空尾龙，生活于侏罗纪晚期的启莫里阶至提通阶，距今1.53亿至1.5亿年。因为它的尾巴脊椎是空心的，因此命名为虚骨龙。虚骨龙是种中小型恐龙，身长2~3米。目前较为完整的一具化石发现于美国怀俄明州的科莫崖，包含众多脊椎、部分骨盆、肩带以及四肢的大部分。根据化石建造的模型来看，虚骨龙的颅骨小而长；脊椎骨长，因而它有较长的颈部；趾骨也长，因此后腿修长。它的前掌有长着锐利、弯曲三趾爪，适合抓捕蜥蜴或会飞的爬行动物。

● 命名者：奥塞内尔·查利斯·马什。
● 化石分布：亚洲、北美洲。

尾巴：
细长，维持身体平衡

双腿：
细长，奔跑迅速

| 体长：2~3米 | 体重：13~20千克 | 食性：肉食 |

野蛮盗龙

野蛮盗龙生活于白垩纪麦斯特里希特阶的加拿大阿尔伯塔省。模式种为马修野蛮盗龙，它的化石是在近德兰赫勒市的马蹄峡谷地层发现的。化石很不完整，只有左右前上颌骨、右上颌骨、左右齿骨以及附属牙齿与小型骨头碎片。由发掘出的化石标本可以看出，它的头颅骨短而高，牙齿本身较直，但是于齿槽中斜向生出，形成一排耙状牙齿。

● 命名者：菲力·柯尔。
● 化石分布：加拿大阿尔伯塔省。

头颅骨：
头颅骨短而高

尾巴：
很长

| 体长：1.5米 | 体重：约3千克 | 食性：肉食 |

科：虚骨龙科
生存时代：侏罗纪晚期

嗜鸟龙

嗜鸟龙的头盖骨很
小，眼眶后面的骨骼与大型
的肉食性恐龙很像，下颌骨
比较厚，颌部前面部分的牙
齿呈圆锥状，后面的则为小
而弯曲、尖锐而宽扁的牙齿。
嗜鸟龙的前肢长且健壮，前肢的指
上长着一根短而具利爪的拇指和两根带
爪的长指头，第四个小手指向内弯曲，能帮助
它抓紧挣扎的猎物。它的后腿长而强韧有力，
加上较轻的体重，这使得它跑得十分迅速。

○ 命名者：亨利·费尔费尔德·奥斯本。

○ 化石分布：美国怀俄明州。

牙齿：
又长又尖，
像把短剑

尾巴：
尾巴又细又长，可以
维持身体的平衡

双腿：
腿部强韧有力，而且
比较长，这说明它可
能跑得很快

体长：约2米	体重：11~13千克	食性：肉食

科：雷巴齐斯龙科　　生存时代：白垩纪中期

尼日尔龙

尼日尔龙生存于白垩纪中期的阿普第阶或
阿尔布阶，距今1.19亿至9900万年。它是四
足草食性恐龙。它有着由数千颗牙齿构成的复
杂齿系，据研究发现，它的牙齿大约1个月淘
汰替换1颗。它的头部
像铲子，嘴部状似吸
尘器。尼日尔龙的背部
有着类似于雷巴齐斯龙但较小的神
经棘。它的颈部较短，头部朝下，适合以低
高度植被为食。

○ 命名者：保罗·塞里诺等。

○ 化石分布：尼日尔。

背部：
背部有着类似于
雷巴齐斯龙但较
小的神经棘

头部：
头部像铲子

四肢：
四肢粗壮，是四
足行走的恐龙

体长：9米	体重：未知	食性：草食

异特龙

异特龙又称异龙，是一种大型的两足、掠食性恐龙，生存于侏罗纪晚期的启莫里阶至早提通阶，距今 1.55 亿至 1.35 亿年。异特龙的头颅十分巨大，头颅上的大型空洞能减轻重量，眼睛上方拥有角冠。它的头颅骨有几个可以活动的骨头组成，这样它的上下颚可以前后移动，便于撕裂猎物。它的牙齿非常大而且坚固，呈锯齿状，每颗牙有 10.2 厘米长，越往嘴部深处，牙齿就越短、狭窄、弯曲。异特龙的前肢要比后腿短，约为后腿长度的 35%，其每个掌部有 3 根手指，手指上有着大型、大幅弯曲的指爪。后腿高大粗壮，有 4 只带爪的趾。

○ 命名者：奥塞内尔·查利斯·马什。

○ 化石分布：美国、加拿大、中国、墨西哥，以及非洲、大洋洲。

头颅：
具有大型的头颅骨，上有大型洞孔，眼睛上方拥有角冠

腕骨：
具有类似半新月形的腕骨

爪子：
手指上有大型、大幅弯曲的指爪

体长：平均 8.5 米	体重：约 1.5 吨	食性：肉食

尾巴：
尾巴健壮有力，可以
维持身体的平衡

牙齿：
有数十颗大
型、锐利、弯
曲的牙齿，呈
锯齿状

前肢：
短而强壮，约是后
腿长度的 35%

双腿：
高大强壮，
有带爪的趾

角冠：
由延伸的泪骨所构成，
角冠的形状与大小随
着个体而不同

骨架：
和其他兽脚亚目恐
龙一般，呈现出类
似鸟类的轻巧中空
特征

巨齿龙

巨齿龙又名斑龙、巨龙，是一种大型肉食性恐龙，生活于侏罗纪中期巴通阶的欧洲（英格兰南部、法国、葡萄牙）。巨齿龙拥有相当大的头部，巨大呈锯齿状的牙齿与较长的牙根固定在颌骨内，牙齿顶端向后弯曲而倒伏，像有锯齿的锋利的刀，并且十分巨大，每一颗牙齿的大小相当于当时小哺乳动物的整个颌部，这样明显的牙齿特征表明它属于肉食性恐龙。巨齿龙的颈椎显示它们有非常灵活的颈部，它巨大强壮的后腿能支撑起它全身的重量，并且前肢和后腿都长有长长的爪，这样它能轻易地撕开猎物坚韧的皮，然后把皮下的肉撕碎。

⊃ 命名者：威廉姆·巴克。

⊃ 化石分布：欧洲、非洲、大洋洲，以及印度、中国。

脖子：
短粗

牙齿：
牙齿巨大，呈锯齿状，牙齿顶端向后弯曲而倒伏，像锋利的刀

前肢：
前肢短小，有锋利的前爪，能撕开猎物坚韧的皮

| 体长：7~9米 | 体重：0.9~1.5吨 | 食性：肉食 |

头部：
很大

双腿：
长而有力，肌肉发达，
长有长爪

尾巴：
可在行走时维持身
体的平衡

角鼻龙

角鼻龙又名角冠龙，是侏罗纪晚期的大型掠食性恐龙，化石在美国犹他州中部及科罗拉多州被发现。它的鼻子上方生有一只短角，两眼前方也有类似短角的凸起，因此它被命名为角鼻龙。角鼻龙的颅骨相当大，鼻骨隆起形成鼻角。它的上下颌强健，嘴里布满尖利而弯曲的牙齿。与异特龙类似的是，角鼻龙的每只眼睛上方都有块隆起棱脊。它的背部中线，有一排皮内成骨形成的小型鳞甲，尾巴较长，将近身长的一半，并且窄而灵活，神经棘高。

◆ 命名者：奥塞内尔·查利斯·马什。

◆ 化石分布：美国。

背部中线：
有一排皮内成骨形成的小型鳞甲

前肢：
前肢短，有尖爪

双腿：
双腿长而有力，依靠双腿站立和行走

体长：4.5~6 米	体重：0.5~1 吨	食性：肉食

牙齿：
尖利弯曲

尾巴：
相当长，近身体
的一半，比较窄，
也比较灵活

头部：
鼻子上方生有
一只短角

北票龙

北票龙是一类两足行走的恐龙，生存在大约1.25亿年前。它们的化石是在中国辽宁省北票市发现的，故以此市来命名。化石发现的地点在义县组的尖山沟。它只有一个模式种，为意外北票龙。从模式标本的皮肤痕迹来看，北票龙的身体是由类似绒羽的羽毛所覆盖，就像中华龙鸟。北票龙的喙没有牙齿，但有颊齿。与其他高等的镰刀龙超科不同的是北票龙的内趾较小，由此显示它可能是从三趾的镰刀龙超科祖先演化而来的。相对其他镰刀龙超科，北票龙的头部较大，下颌的长度超过股骨的一半。

◐ 命名者：徐星、唐治路、汪筱林。
◐ 化石分布：中国辽宁省北票市。

头部：
头部较大

喙：
喙没有牙齿，但有颊齿

皮肤：
皮肤上可能有羽毛覆盖

尾巴：
尾巴又细又长

前肢：
前肢细长，手上有巨大的指爪

后腿：
后腿长而有力，依靠后腿站立或行走

体长：2.2米	体重：85千克	食性：草食

重爪龙

重爪龙又名坚爪龙，化石被发现于英格兰多尔金南部的一个黏土坑以及西班牙北部等地。在英格兰发现的是一个幼年个体的大部分骨骼，而在西班牙发现的只有部分头颅骨及一些足迹化石，在尼日尔发现的只有趾爪化石。重爪龙正模上的每只掌的拇趾上都有大爪，为 32 厘米。它的长颈部并不呈强烈 S 形状，头颅骨被设置成锐角，并不像其他恐龙头颅骨呈直角。这个模型标本有 96 颗牙齿，且大量呈锯齿状。鼻端可能有一小型的冠状物，上颚骨在近鼻端下侧有一转折区间，鼻孔位于上颚的较后方。

○ 命名者：艾伦·查理格、安杰拉·米尔纳。
○ 化石分布：英国、西班牙、尼日尔。

尾巴：
较长，起到平衡身体的作用

前肢：
具有镰刀状、尖端如短剑的爪子

| 体长：10 米 | 体重：4 吨 | 食性：肉食 |

义县龙

义县龙是一种手盗龙类恐龙，生存于早白垩纪阿普第阶的中国，约 1.22 亿年前。模式种是长掌义县龙，目前仅发现一个化石标本，是在辽宁省的大王杖子地层发现的，地质年代约 1.22 亿年前，相当于阿普第阶早期。化石包括肩带、前肢、肋骨、腹肋以及羽毛痕迹。据此分析，义县龙的掌非常长，大约是肱骨长度的 1.4 倍，而肱骨长度为 8.9 厘米。义县龙有大型、弯曲的趾爪，第二趾是最长的趾，这样的大型掌可能有捕抓猎物或协助攀爬的功能。

○ 命名者：徐星、汪筱林。
○ 化石分布：中国辽宁锦州义县头台乡王家沟。

皮肤：
可能含有类似羽毛的覆盖物

前肢：
具有大型手掌，指爪弯曲

| 体长：3 米 | 体重：未知 | 食性：肉食 |

高棘龙

高棘龙又名高脊龙、多脊龙或阿克罗肯龙，意为"有高棘的蜥蜴"，生活在白垩纪早期到中期的美国，1.2亿至1.08亿年前。高棘龙只有一个模式种，即阿托卡高棘龙。在美国的俄克拉荷马州、德克萨斯州、怀俄明州等地都发现了它们的化石。它们的脊椎有很多部分都有高大的神经突，因此被命名为高棘龙，这些神经突支撑着由肌肉所构成的隆脊，从颈部延伸到背部、臀部。高棘龙的头颅骨长、低矮、狭窄，眶前孔相当大，能减轻头颅骨的重量。它有着锯齿状、弯曲的牙齿。前肢较短但是粗壮，掌部有3根指，上有指爪。双腿粗壮。尾巴又长又重，能平衡头部与身体的重量。

● 命名者：沃恩·兰斯顿等人。

● 化石分布：美国德克萨斯州、俄克拉荷马州、怀俄明州。

前肢：
短而粗壮，手部都有3根手指，上有指爪

双腿：
粗壮，脚掌有4根脚趾，第一趾小无法接触地面

体长：约10米	体重：约5吨	食性：肉食

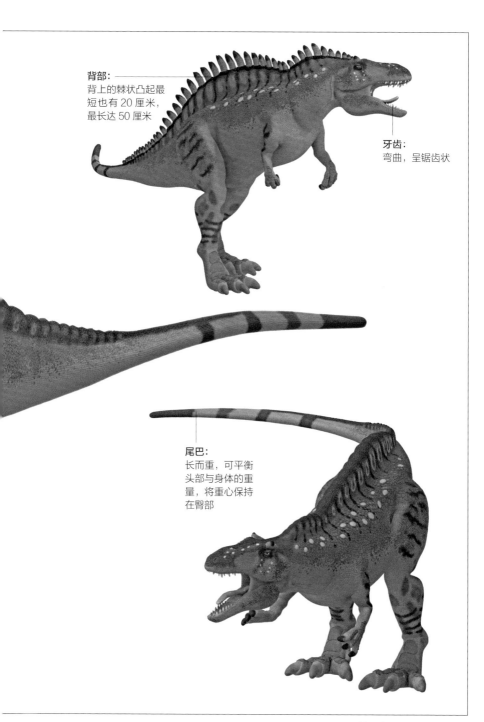

背部:
背上的棘状凸起最
短也有 20 厘米,
最长达 50 厘米

牙齿:
弯曲,呈锯齿状

尾巴:
长而重,可平衡
头部与身体的重
量,将重心保持
在臀部

帝龙

帝龙是一种小型、具有羽毛的恐龙，化石是从中国辽宁省北票市的义县组陆家屯发现的，距今约为 1.25 亿年，模式种为奇异帝龙。帝龙是最早、最原始的暴龙超科之一，且有着简易的原始羽毛。帝龙共有 4 具标本，保存完好，模式标本是一个几乎完整、部分关节仍连接的头骨与骨骼。在帝龙的下颌及尾巴上可以看到羽毛痕迹，由于这些羽毛缺少了中央的羽轴，因此它们是用来保暖而不是用来飞行的。帝龙的发现证明了霸王龙类早期的祖先类型是小型的，其后慢慢演化为巨大的霸王龙。另外帝龙覆盖着羽毛的事实再一次证明了兽脚类恐龙和鸟类有着共同的祖先。

◑ **命名者：**徐星、匡学文、汪筱林、赵祺、贾程凯。

◑ **化石分布：**中国辽宁省北票市陆家屯。

尾巴：
尾巴细长，可能覆盖有羽毛

前肢：
前肢细小，长有利爪

牙齿：
牙齿比较锋利

后腿：
后腿比前肢长，同样比较细，可以支撑站立

体长：1.5 米	体重：未知	食性：肉食

奥古斯丁龙

奥古斯丁龙生存于下白垩纪的南美洲，是四足的草食性恐龙。奥古斯丁龙的化石被发现于阿根廷的内乌肯省，年代估计可追溯至下白垩纪的阿普第阶至阿尔布阶，距今 1.16 亿至 1 亿年，化石不完整且破碎。它的背部中线有着一连串垂直的宽尖刺及宽骨板，这是它的显著特征。

◑ 命名者：约瑟·波拿巴。
◑ 化石分布：阿根廷。

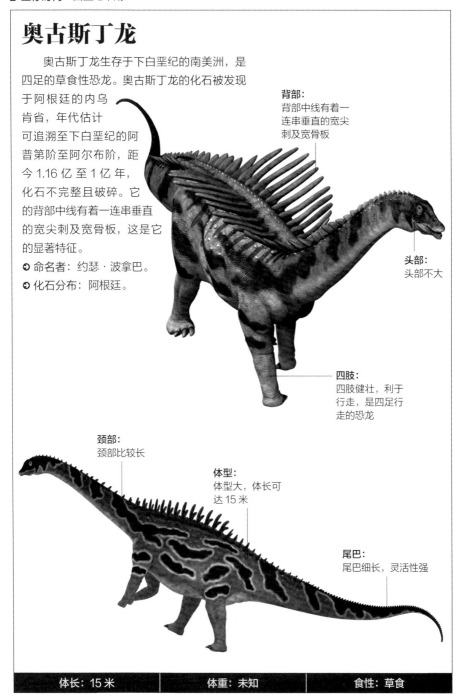

背部：
背部中线有着一连串垂直的宽尖刺及宽骨板

头部：
头部不大

四肢：
四肢健壮，利于行走，是四足行走的恐龙

颈部：
颈部比较长

体型：
体型大，体长可达 15 米

尾巴：
尾巴细长，灵活性强

体长：15 米	体重：未知	食性：草食

秘龙

秘龙是双足的草食性恐龙，属于兽脚亚目。模式种是蒙古秘龙，正模标本是在 1979 年发现于蒙古国东南部的巴彦思楞组，地质年代 9800 万至 8930 万年前，相当于白垩纪晚期的森诺曼阶到土仑阶。化石只有一个接近完整的骨盆，缺少部分右坐骨。由于其神秘、独特的骨盆形状，它被命名为"神秘的蜥蜴"。从化石可以看出，它的坐骨前端的坐骨突低矮，水平方向延长。

坐骨：
坐骨前端的坐骨突低矮，水平方向延长

尾巴：
粗短

体型：
较大，长可达 7 米，重约 1 吨

◐ 命名者：瑞钦·巴思钵等人。
◐ 化石分布：蒙古。

体长：5~7 米	体重：1 吨	食性：草食

科：镰刀龙科　　生存时代：白垩纪晚期

死神龙

死神龙又叫鄂力克龙。死神龙的化石包含相当完整的头骨、颈椎、肱骨与骨盆等，发现于蒙古国的巴彦思楞组，地质年代约 8000 万年前。模式种为安德鲁死神龙。它的上下颌前端无齿，外鼻孔横向延伸，次生颚发育良好，骨盆的耻骨向后，类似鸟臀目恐龙。死神龙是草食性恐龙，具有喙状嘴，用来咬碎植物。像其他镰刀龙一样，死神龙长有羽毛，但无法飞行，其爪子更锐利发达。

身上：
可能长有羽毛

嘴部：
喙状嘴，用来咬碎植物

◐ 命名者：珀尔。
◐ 化石分布：蒙古。

体长：5~6 米	体重：160 千克	食性：草食

尾羽龙

尾羽龙是小型的兽脚亚目恐龙，如孔雀般大小，生活于距今约 1.246 亿年。目前尾羽龙有两个模式种，分别是邹氏尾羽龙及董氏尾羽龙。1997 年在中国辽宁省的义县组中发现第一具尾羽龙化石。尾羽龙的头颅骨短，呈方形，口鼻部类似喙，上颌前端只保存有少数锐利且长的牙齿。后腿修长，身躯健壮结实，因此推测它们擅长奔跑。尾羽龙的身体表面覆盖着构造简单的短绒羽，它的尾巴及手部有对称的正羽，由于羽毛的短小及对称，以及手臂短，可见尾羽龙是不能飞的。它的尾巴短，末端坚挺，尾椎数量少。

◐ 命名者：库里等人。
◐ 化石分布：中国辽宁。

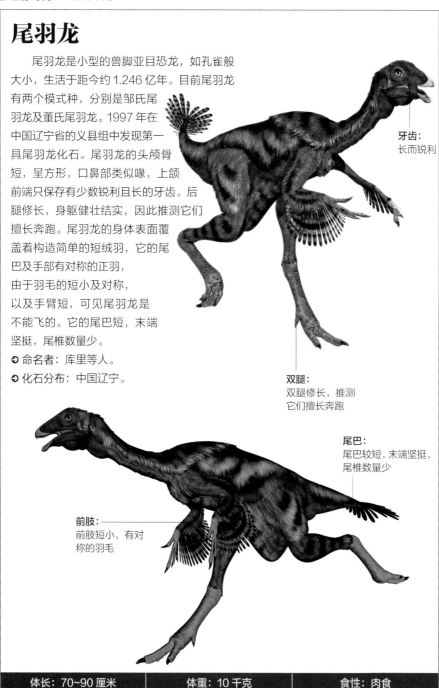

牙齿：
长而锐利

双腿：
双腿修长，推测它们擅长奔跑

尾巴：
尾巴较短，末端坚挺，尾椎数量少

前肢：
前肢短小，有对称的羽毛

体长： 70~90 厘米	体重： 10 千克	食性： 肉食

玛君龙

　　玛君龙又名玛宗格龙，是一种二足掠食动物，生存于白垩纪末的马达加斯加，7000万至6500万年前。玛君龙的头颅骨宽度较宽，且有粗糙不平的表面，鼻骨很厚，互相固定，鼻骨的下半部有个低鼻脊，头顶有个明显的半球形角状物。它有短齿冠的牙齿，上颌骨与齿骨分别有17颗牙齿。颈部强壮结实，前肢较短，趾间没有肌腱，根据趾骨的连接程度判断它的掌与趾并不灵活。脚部有3根具有功能的脚趾，最小的第一趾不接触地面。尾巴长，能平衡头部与胸部，使得重心位在臀部。

　❍ 命名者：拉沃卡。
　❍ 化石分布：马达加斯加岛。

头部：
口鼻部上方的表面
不平，头顶的固定
额骨有个明显的半
球形角状物

牙齿：
有短齿冠，上颌
骨与齿骨分别有
17颗牙齿

体长：7米	体重：1.2吨	食性：肉食

颈部：
强壮，充满肌肉

前肢：
短而结实，
手掌不灵活

尾巴：
长尾巴，以平衡头
部与胸部，使重心
在臀部

双腿：
脚部有 3 根具有功
能的脚趾，而最小
的第一趾并未接触
到地面

分支龙

分支龙，又名歧龙、阿利奥拉龙，生活于白垩纪的蒙古。模式种有两个，分别是遥远分支龙和阿尔泰分支龙。分支龙的头颅骨长而低矮，外形类似原始暴龙超科以及幼年暴龙科的头颅骨，分支龙有凹凸不平的鼻部，其鼻骨互相愈合，上有一排骨质瘤，沿着鼻骨接合处排列，共5个。

分支龙的上颌及下颌都有很多牙齿，颈脊较厚，下颌修长。它以二足行走，胫骨与趾骨长，两者总长约等于股骨。前肢小，上有两指。长尾巴可平衡头部与身体的重量，将重心维持在臀部位置。

◑ 命名者：谢尔盖·库尔扎诺夫。
◑ 化石分布：蒙古。

牙齿：
上颌及下颌都有很多牙齿，数量比已知的暴龙科更多

前肢：
前肢特别短小，上有两指

体长：5~6米	体重：1吨	食性：肉食

尾巴：
长，可平衡头部
与身体的重量，
将重心维持在臀
部位置

下颌：
修长

双腿：
长而强壮

葬火龙

　　葬火龙生活于白垩纪的蒙古，化石发现地点为戈壁沙漠乌哈托喀的德加多克塔组。模式种是奥氏葬火龙，另一个标本未被命名。葬火龙因为有着几组保存完好的骨骼，包括几个在巢中孵蛋的标本，因此是最出名的偷蛋龙科恐龙之一。葬火龙的最为显著的特征是它有着高头冠。它的头颅骨很短，有很多洞孔，喙嘴坚固，没有牙齿。它的颈部较其他兽脚亚目长，前肢长，有3指，可抓握，上有弯曲的指爪。胫骨与足部长，显示它们可以高速奔跑。尾巴较短。

◐ **命名者:** 詹姆斯·克拉克、马克·诺瑞尔、瑞钦·巴思钵。

◐ **化石分布:** 蒙古。

前肢:
前肢比其他同类长，有尖指，可以抓握

头冠:
最为显著的特征就是它的高头冠

颈部:
颈部比较长

尾巴:
较短

脚部:
支撑力比较强，可以高速奔跑

体长: 2米	体重: 未知	食性: 肉食

单爪龙

单爪龙生活在上白垩纪的蒙古，距今约7500万年。它的名字意为"单一的爪"，是因为它的前肢只有一个爪子。目前只发现一个标本，包含部分骨骼、头颅骨的碎片、完整的脑壳，缺少尾巴。单爪龙是一种小型恐龙，身长约1米，它有着奇特而短粗的前肢，前肢上有一只约10厘米长的指爪，另外两个指爪则已退化、消失，指骨、尺骨与肱骨的长度非常接近，胸骨具有较大的龙骨突。它有一副轻盈的骨骼，一条长长的尾巴与苗条的双腿，这表明它可以迅速地奔跑。科学家们根据它奇特的指爪推测单爪龙以此来挖开白蚁巢，可能以昆虫为食。

◎ **命名者：** 珀尔等人。

◎ **化石分布：** 蒙古。

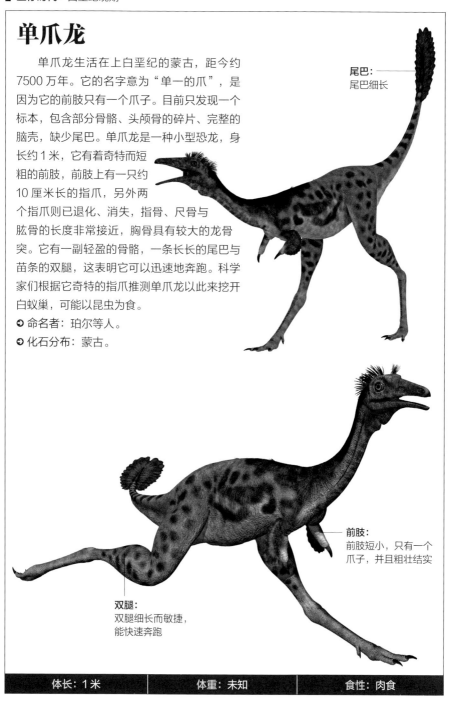

尾巴：
尾巴细长

前肢：
前肢短小，只有一个
爪子，并且粗壮结实

双腿：
双腿细长而敏捷，
能快速奔跑

| 体长：1米 | 体重：未知 | 食性：肉食 |

棘龙

棘龙是一种兽脚亚目恐龙，生活于白垩纪（早阿尔比阶到马阶）的非洲，为1.12亿至6500万年前。棘龙的显著特征为背部有明显的长棘，这些长棘是由脊椎骨的神经棘延长而成，长度可达1.7米，推断长棘之间有皮肤连接，形成一个巨大的帆状物。它的口鼻部较窄，前端略微膨大，布满笔直的圆锥状牙齿，类似其他的棘龙科恐龙牙齿缺乏锯齿边缘，眼睛前方有一个小型突起物。前肢比后腿要小一些，用两足行走。至于它背上那奇特的帆状的棘，科学家对它的功能有许多推测，其中最有可能的是用来调节体温。

◐ 命名者：恩斯特·斯特莫。

◐ 化石分布：摩洛哥、埃及。

牙齿：
牙齿笔直呈圆锥状，
没有锯齿边缘

体长：12~17米	体重：11.5吨	食性：肉食

背部：
背上有奇特的帆状的棘，可能是用来调节体温的

双腿：
双腿强壮有力，依靠双腿站立和行走

尾巴：
尾巴直挺，能维持身体平衡

伤龙

伤龙生活于白垩纪的北美洲东部。伤龙的化石发现很少，只有部分身体骨骼。模式种为鹰爪伤龙。根据现存的少量化石推测，伤龙的体长为 7.5 米，体重为 1.5 吨。它有较长的手臂，上有 3 根手指，每根手指上都有长达 8 厘米的指爪。伤龙刚开始由古生物学家爱德华·德林克·科普命名为暴风龙，后来因重名问题被奥塞内尔·查利斯·马什更名为伤龙。

◐ 命名者：奥塞内尔·查利斯·马什。
◐ 化石分布：北美洲东部。

体型：
体型较大，长超过 7 米，重约 1.5 吨

前肢：
有较长的手臂与 3 根长约 8 厘米指爪的手指

尾巴：
粗且长

体长：7.5 米	体重：1.5 吨	食性：肉食

鸟面龙

鸟面龙生活于距今约 7500 万年的白垩纪的蒙古，模式种是沙漠鸟面龙，其化石于 1998 年被发现。鸟面龙是一种体型轻小，小巧的恐龙，是已知最小型的恐龙之一。它的颌部修长，有细小的牙齿，前肢短却强壮，它可以用前肢挖开昆虫的巢，而细长的灵活的嘴部则用来吸食昆虫。后腿修长，而脚趾很短，由此可见它擅长快速奔跑。另外，通过对鸟面龙的化石进行化学分析，可知其长有羽毛。

◐ 命名者：卡普、诺雷尔、克拉克。
◐ 化石分布：英国、美国犹他州。

前肢：
短却粗壮，用来挖开昆虫的巢

双腿：
修长，脚趾短，能快速奔跑

尾巴：
细长

体长：60 厘米	体重：2.5 千克	食性：肉食

似鸡龙

似鸡龙化石于蒙古耐梅盖特地层中被发现，年代为上白垩纪（马斯特里赫特阶）。模式种为风力似鸡龙。它身上长满了鸟类一样的羽毛，是奔跑迅速的一种恐龙，外形像一只大鸵鸟。它的头部较小，眼睛大，长着长脖子，没有长牙齿，前肢手上长着 3 个爪，爪非常锋利，后腿细长，善于高速奔跑，尾巴长而硬挺，可平衡头部与颈部的重量。它以植物为食，但也用喙抓小昆虫吃，甚至还能捕食蜥蜴。

◎ 命名者：奥斯莫斯卡、罗尼威克斯、巴斯伯德。

◎ 化石分布：蒙古南部戈壁。

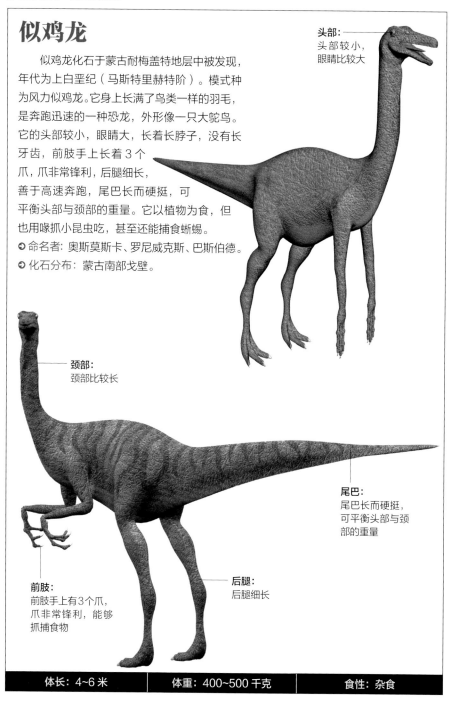

头部：
头部较小，眼睛比较大

颈部：
颈部比较长

尾巴：
尾巴长而硬挺，可平衡头部与颈部的重量

前肢：
前肢手上有3个爪，爪非常锋利，能够抓捕食物

后腿：
后腿细长

| 体长：4~6 米 | 体重：400~500 千克 | 食性：杂食 |

河源龙

　　河源龙生活于上白垩纪的中国广东省河源市。它是第一只在中国发现的偷蛋龙科恐龙，大部分偷蛋龙科化石被发现于蒙古国。正模标本发现于大塱山组地层，包括部分身体骨骼、头颅骨。据估计，它的身长为1.5米，体重20千克，是一种中型的偷蛋龙类。它的头颅骨缺乏牙齿，口鼻部短而上下高，前肢及指很短，拇指已经退化。据研究，河源龙的肩带结构显示偷蛋龙类是一群失去飞行能力的鸟类。

○ 命名者：吕君昌。

○ 化石分布：中国广东河源。

体型：
体型小，长1.5米，重约20千克

口鼻：
口部无牙，口鼻部短而上下高

前肢：
手臂和手指短，拇指退化

| 体长：1.5米 | 体重：20千克 | 食性：肉食 |

寐龙

　　寐龙是伤齿龙科恐龙，体型只有鸭一般大小，化石最先于2004年在中国辽宁省发掘出来。寐龙的学名是所有恐龙中最短的，由于寐龙的化石被发现时，其后腿蜷缩于身下，头埋在一个前肢下面，为睡眠状态，因此把它命名为"寐"，这也是首次发现死前处于睡眠状态的恐龙化石，这种睡眠状态与现代鸟类相似。寐龙在伤齿龙科中较独特，它的外鼻孔大，骨盆结构类似鸟类。

○ 命名者：徐星、马克·诺雷尔。

○ 化石分布：中国辽宁省北票市。

体型：
鸭一般大小

后腿：
较长，蜷缩在身下

尾巴：
羽尾，末端呈扇形

| 体长：53厘米 | 体重：2千克 | 食性：肉食 |

伤齿龙

伤齿龙又名锯齿龙，生活于7500万至6500万年前的白垩纪晚期。它的牙齿为锯齿状，边缘的锯齿非常尖。它的眼睛大而敏锐，有着修长的四肢，这意味着它可以快速奔跑。它的前肢可以像鸟类一样往后折起，而掌部拥有可做出相对动作的拇趾。第二脚趾上拥有大型、可缩回的镰刀状趾爪，在奔跑时可能会抬起。它的脑袋相对于身体来说很大，说明它们是很聪明的恐龙。甚至有些科学家推测，如果伤齿龙科恐龙存活下来，它们有可能继续进化，最终成为恐龙人。

◐ 命名者：约瑟夫·莱迪。

◐ 化石分布：美国、加拿大、中国。

脑部：
大，可能很聪明

双腿：
第二趾有镰刀状利爪

体长：2米	体重：60千克	食性：杂食

科：阿瓦拉慈龙科　　生存时代：白垩纪晚期

阿瓦拉慈龙

阿瓦拉慈龙属于阿瓦拉慈龙科，生活于上白垩纪的阿根廷，距今8900万至8300万年。化石发现于阿根廷。模式种为卡氏阿瓦拉慈龙。根据估计，阿瓦拉慈龙身长2米，体重20千克，是一种敏捷的小型兽脚类恐龙。阿瓦拉慈龙是两足行走的，具有长长的尾巴，根据脚部结构推测，它们可能是可以快速奔跑的恐龙。

◐ 命名者：
约瑟·波拿巴。

◐ 化石分布：阿根廷。

尾巴：
较长

双腿：
长，能快速奔跑

前肢：
大而呈钩状

体长：2米	体重：20千克	食性：肉食

巨兽龙

巨兽龙又名南巨龙、南方巨兽龙、巨型南美龙，生活于 1 亿至 8000 万年前的白垩纪中晚期。它的化石是于 1993 年在阿根廷南部巴塔哥尼亚的利迈河组地层中发现，正模标本化石完整度为 70%，包括头颅骨、盆骨、大腿骨及大部分脊骨，身长 13.5~14.3 米，体重 6~8 吨，是巨大的陆地肉食性恐龙之一。南方巨兽龙的头颅骨很大，是异特龙的两倍大小，牙齿的长度为 20 厘米。它的嗅觉区发展得很好，可见它有很好的嗅觉，手部有 3 指，上有利爪，腿部巨大结实，尾巴修长而末端尖细。

◐ 命名者：罗多尔夫·科里亚、利安纳度·萨尔加多。

◐ 化石分布：阿根廷的巴塔哥尼亚。

牙齿：
牙齿呈锯齿状

头颅：
头部很大，是异特龙的两倍大

体长：14 米	体重：6~8 吨	食性：肉食

前肢:
有三指,上有利爪,
可抓捕食物

尾巴:
巨兽龙的尾巴
很长,末端又
尖又细

双腿:
双腿结实有力,
能够支撑身体
站立和行走

暴龙

　　暴龙又名霸王龙，是已知的最著名的陆地掠食性恐龙之一，也是最大的兽脚亚目恐龙之一。暴龙拥有巨大的头颅骨，头骨沉重。眼睛不太大，双眼向前，视觉比较好，具有立体视觉。牙齿特别发达，甚至能咬食重达 2 吨的食物。颈骨较短。其前肢特别细小，与此不同的是，暴龙的双腿却比较长，而且很粗壮，肌肉也很发达，这个特点使暴龙能够适应在森林里、沼泽里长途行走。暴龙主要借助长长的尾巴来保持身体的平衡。据推测，暴龙是在距今约 6600 万年的白垩纪——第三纪灭绝事件中灭绝的。

- 命名者：亨利·费尔费尔德·奥斯本。
- 化石分布：美国、加拿大、墨西哥。

头部：
上颌宽下颌窄，有利于咬断骨骼

牙齿：
呈圆锥状类似香蕉，锋利，适合咬碎骨头

体长：11~14 米	体重：6~14 吨	食性：肉食

前肢：
非常细小，可能其
作用仅仅用来平衡
它巨大的头部

尾巴：
借助尾巴保持
身体平衡

双腿：
粗壮，肌肉发达，
适应长途行走

天青石龙

天青石龙是一种偷蛋龙下目恐龙，生活于白垩纪晚期的东亚。它的正模标本是在 1994 年发现于蒙古国，地质年代相当于白垩纪晚期的马斯特里赫特阶，化石包括大部分脊椎、骨盆以及左胫跗骨，模式种是戈壁天青石龙。据估计天青石龙的身长 1.7 米，体重 20 千克，是中型偷蛋龙类恐龙。

天青石龙的尾巴末端具有类似尾综骨的固定脊椎骨，另根据科学家推测，该处可能有一丛羽毛。它的头上拥有冠饰，喙状嘴。
○ 命名者：巴思钵等人。
○ 化石分布：蒙古。

嘴部：
喙状嘴

尾巴：
末端具有类似尾综骨的固定脊椎骨，可能长有羽毛

体长：1.7 米	体重：20 千克	食性：肉食

激龙

激龙生活于下白垩纪的巴西，约 1.1 亿年前。激龙的化石发现于巴西桑塔那组，只有一个头颅骨，缺少上下颌前段。据推测它的身长有 8 米，背部高度为 3 米，体重 2~3 吨，是一种双足、大型的肉食性恐龙。它的口鼻部扁而长，上颌部有转折区间，有矢状头冠，从口鼻部延伸至头顶，牙齿直而长，呈圆锥状，没有锯齿状边缘，适合捕食如鱼一样易滑的猎物。2011 年，

在巴西发现了一个几乎完整的骨盆、一根大腿骨、一些背部骨头、一根肋骨，后经科学家判断，这些化石属于激龙。
○ 命名者：大卫·马提尔等人。
○ 化石分布：巴西。

口鼻：
扁而长

四肢：
较为健壮，前肢较短

体长：7~8 米	体重：2~3 吨	食性：肉食

科：镰刀龙科
生存时代：白垩纪晚期

二连龙

二连龙生活于白垩纪的中国内蒙古。正模标本被发现于中国内蒙古地区的二连组地层，7200万至6800万年前，发掘出的化石并不完整，有5个来自颈椎、背椎、尾椎的脊椎骨、右肩胛骨、左前肢（缺少腕骨）、部分骨盆、右股骨、左右胫骨、右腓骨以及数块趾骨。与其他镰刀龙科恐龙相比，二连龙的颈部较短，胫骨较长，腓骨的形状独特，顶端有个凹处。指爪巨大、弯曲、呈尖状，拇指指爪是最大型指爪。

颈部：
颈部较短

前肢：
指爪巨大、弯曲，呈尖状

○ 命名者：张晓虹、谭琳。
○ 化石分布：中国内蒙古二连浩特。

体长：4米	体重：400千克	食性：肉食

科：阿贝力科　　生存时代：白垩纪晚期

皱褶龙

头部：
头部具有装甲、鳞片以及其他骨头，上有许多血管

皱褶龙生活于白垩纪晚期森诺曼阶的非洲，接近9500万年前。皱褶龙的化石是在2000年于非洲尼日尔发现的，只有一个头颅骨。皱褶龙是中等大小的肉食性恐龙。它的头部具有装甲、鳞片以及其他骨头，上有许多血管，头部两侧各有7个洞孔。皱褶龙可能有非常短的手臂，在打斗中无法产生作用，可能作为平衡工具来平衡它们的头部。

脖颈：
较粗，有明显褶皱

前肢：
非常短小，可能用来平衡头部

○ 命名者：塞里诺等人。
○ 化石分布：尼日尔。

体长：6米	体重：未知	食性：肉食

伶盗龙

伶盗龙生活于 8300 万至 7000 万年前的白垩纪晚期坎潘阶。有两个种：蒙古伶盗龙和奥氏伶盗龙，其中蒙古伶盗龙为模式种，化石发现于蒙古国及中国内蒙古等地。成年个体身长估计 2.07 米，臀部高约 0.5 米，体重约 150 千克，是中型驰龙类。它有着长达 25 厘米的头颅骨，大脑较大，说明它们很聪明，口鼻部向上翘起，使得上侧有凹面，下侧有凸面，牙齿间隔宽，牙齿后侧有明显锯齿边缘。手部较大，在结构与灵活性上类似现代鸟类的翅膀骨头，掌上有 3 根锋利且大幅弯曲的指爪，第一指爪最短，第二指爪最长，腕部灵活。伶盗龙的第一根脚趾是小型的上爪，第二脚趾可以向上、向后收起离开地面，上有大型、镰刀状的趾爪，只依靠后腿的第三、四趾行走。尾巴坚挺。

❍ 命名者：亨利·费尔德·奥斯本。

❍ 化石分布：蒙古、中国、俄罗斯。

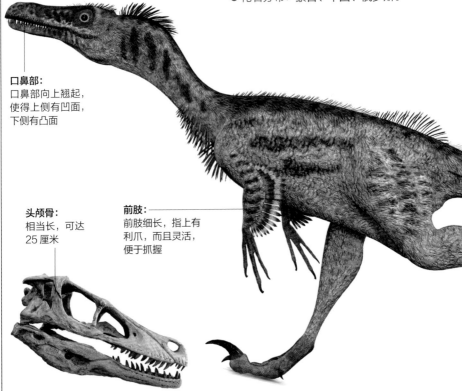

口鼻部：
口鼻部向上翘起，
使得上侧有凹面，
下侧有凸面

头颅骨：
相当长，可达
25 厘米

前肢：
前肢细长，指上有
利爪，而且灵活，
便于抓握

体长：2 米	体重：150 千克	食性：肉食

牙齿：
嘴部有26~28颗牙齿，
牙齿间隔宽，牙齿后
侧有明显锯齿边缘

爪子：
掌部有3根锋利且
大幅弯曲的指爪，
第二指爪是当中最
长的一根，而第一
指爪是最短的

趾爪：
经常两趾着地，第
二脚趾有大型、镰
刀状的趾爪

尾巴：
在水平方向有良好的
运动灵活性，可保持
平衡和灵活转向

恐爪龙

恐爪龙生活于下白垩纪的阿普第阶中期至阿尔布阶早期，距今 1.15 亿至 1.08 亿年。因为它的后腿第二趾上有非常大、呈镰刀状的趾爪，能刺戳猎物，在行走时第二趾可能会缩起，仅使用第三、第四趾行走，因此被命名为恐爪龙。恐爪龙的化石发现于美国蒙大拿州、怀俄明州的克洛夫利组，以及俄克拉荷马州的鹿角组。它的头颅骨有强壮的颌部，有着弯曲、刀刃形的牙齿。眶前孔特别大，眼睛主要是向两侧的。它有大型前掌和 3 根指，第一指最短，而第二指最长。

◐ 命名者：约翰·奥斯特罗姆。

◐ 化石分布：美国俄克拉荷马州、犹他州、怀俄明州、马里兰州，加拿大阿尔伯塔省。

头部：
口鼻部较狭窄，颧骨宽广，使头部看起来较为立体

前肢：
有大型前掌和三指，第一指最短，第二指最长

体长：3~4 米	体重：70 千克	食性：肉食

牙齿：
弯曲，呈刀刃形

尾巴：
靠尾椎及人字骨，
在高速转向时来
维持稳定及平衡

双腿：
第二趾上有非常大、
呈镰刀状的趾爪

似鳄龙

似鳄龙是一种大型棘龙科恐龙，拥有类似鳄鱼的嘴部，生活于白垩纪阿普第阶晚期的非洲，为 1.21 亿至 1.12 亿年前。似鳄龙拥有非常长的低矮口鼻部，类似于鳄鱼，狭窄的颌部有约 100 颗牙齿，这些牙齿并不是非常锐利，但稍微往后弯曲。前额有一小角饰，口鼻部前端较大。似鳄龙的脊椎有高大的延伸物，最高处位于臀部，类似于棘龙。它的前肢强壮，掌部有 3 指，拇指上有大型镰刀状指爪。科学家们推测，似鳄龙是种巨大且强壮的动物，以鱼类为食，生存在多水、沼泽地区。

◐ 命名者：保罗·塞里诺。

◐ 化石分布：尼日尔。

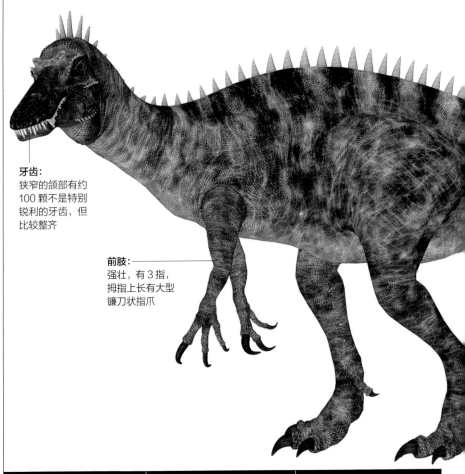

牙齿：
狭窄的颌部有约 100 颗不是特别锐利的牙齿，但比较整齐

前肢：
强壮，有 3 指，拇指上长有大型镰刀状指爪

| 体长：12 米 | 体重：7 吨 | 食性：肉食 |

口鼻部:
拥有非常长的低矮口鼻部，类似于鳄鱼

脊椎:
脊椎有高大的延伸物，最高处位于臀部，类似于棘龙

双腿:
粗壮，有4趾

阿拉善龙

　　阿拉善龙的生存时代为白垩纪早期。化石是中加恐龙项目考察队在内蒙古阿拉善沙漠的阿乐斯台村附近发现的。阿拉善龙是迄今为止在亚洲发现的保存最完整的白垩纪早期兽脚类标本。这是一种类似于缓龙的恐龙，具有奇特的头骨和腰带。它有很多与其他兽脚类的不同之处，它的牙齿数目超过 40 个，在齿骨联合部也有牙齿；肋骨与脊椎骨未愈合；肠骨的前后较长；爪较短等。另外，它的前肢几乎和腿一样长。

◑ 命名者：戴尔·罗素、董枝明。
◑ 化石分布：中国内蒙古阿拉善沙漠阿乐斯台村。

前肢：
几乎和腿一样长

| 体长：4 米 | 体重：380 千克 | 食性：肉食 |

驰龙

　　驰龙又名奔龙，是一种兽脚亚目恐龙，生活于上白垩纪坎帕阶的加拿大阿尔伯塔省与美国西部，7600 万至 7200 万年前。驰龙的头颅骨较为粗壮，口鼻部之间的距离较高，牙齿锐利，向后弯曲，上颌骨有 9 颗牙齿。它有双大眼睛，视力较好，颌部结构坚固，颈部活动灵活，尾巴基部灵活，其余部分因交错的骨棒而较僵直，使尾巴保持在稍微上抬的角度。

◑ 命名者：马修·布郎。
◑ 化石分布：
加拿大阿尔伯塔省、美国蒙大拿州、中国辽宁，以及欧洲。

尾巴：
长，成束的棒状骨使尾巴僵直

双腿：
细长，内侧脚趾上长着镰刀形的爪

| 体长：1.8 米 | 体重：15 千克 | 食性：肉食 |

科：暴龙科
生存时代：白垩纪晚期

艾伯塔龙

　　艾伯塔龙，又名亚伯达龙、阿尔伯脱龙、阿尔伯它龙、亚伯拖龙，生活于上白垩纪的北美洲西部，距今超过 7000 万年。艾伯塔龙的头颅骨很大，颈部很短呈 S 形，头颅骨上的大型洞孔降低了头部的重量。它是异型齿动物，不同部位的牙齿形状不同。在眼睛上方，有短的骨质冠饰，可能在求偶期间具有视觉辨识功能。它的前肢是极为小型的，且只有两指，后腿很长，具有四个脚趾，只用三趾接触地面，中间的脚趾最长。艾伯塔龙体型较大，但是比暴龙小，据推测它可能位于其生态系统的食物链顶部。

◐ 命名者：亨利·费尔费尔德·奥斯本。

◐ 化石分布：加拿大阿尔伯塔地区，美国阿拉斯加州、蒙大拿州、怀俄明州。

牙齿：
锯齿状边缘，在进食时协助撕裂猎物的肉块

双腿：
长且强壮，跑得不是很快

尾巴：
很长，可平衡头部及身躯的重量

前肢：
很小，有两指

| 体长：7~9 米 | 体重：2~3 吨 | 食性：肉食 |

食肉牛龙

食肉牛龙又名牛龙，属于兽脚亚目阿贝力龙科，是一种中型的肉食性恐龙。由于它们的眼睛上方有一对类似牛的角，因此把它们命名为"食肉的牛"。食肉牛龙的化石目前虽然仅发现一具，但相当完整。它显著的特征是在眼睛上方的两只短而粗厚的角。食肉牛龙的头颅骨小而厚实，具有许多洞孔，可减轻重量；眼睛向着前方，它可能有着双眼视觉及深度知觉；口鼻部大，可能具有大的嗅觉器官；牙齿长而细弱。颈部较长，胸部厚壮。前肢极为短小，有4指，第四指用来固定猎物；后腿长而强壮，尾巴能在其运动时保持身体平衡。

◑ 命名者：何塞·波拿巴。

◑ 化石分布：阿根廷。

前肢：
非常短小，有4指，第四指仅由掌骨构成，被认为用来固定猎物

双腿：
长而强壮

体长：7.5 米	体重：1 吨	食性：肉食

颈部:
颈部肌肉强壮,多节
的荐椎可承受冲击

尾巴:
长长的、矫健的
尾巴,可用来保
持平衡

头部:
小而短宽,但很坚固,
具有骨质冠饰,在眼
睛上方有两只短而粗
厚的角

牙齿:
长而细弱,锋利

始祖鸟

　　始祖鸟曾被认为是鸟类的祖先，是一些有羽毛印痕的兽脚类恐龙化石标本的统称，可能是一种基础恐爪龙类，生活于侏罗纪的提通阶早期，距今1.55亿至1.5亿年。始祖鸟的大小及形状与喜鹊相似，约为现今鸟类的中型大小，它有着阔且圆的翅膀及较长的尾巴，它的羽毛与现代鸟类相似。除了具有鸟类的特征，始祖鸟同样具有很多兽脚类恐龙的特征，它有细小的牙齿，可以用来捕猎昆虫及其他细小的无脊椎生物，脚上的四趾都有弯爪及有长的骨质尾巴。始祖鸟的翅膀进化得不完善，上面有带利爪的三趾，飞行能力不强。

　⊙ 命名者：赫尔曼·冯·迈耶。
　⊙ 化石分布：德国。

翅膀：
圆形，扩及于末端，羽毛在两边排两行

双腿：
有4趾长爪，利于攀缘树枝

体长：30厘米	体重：300~500克	食性：肉食

前肢：
前肢已发育为翅膀，
但尚不完善，翅膀
上长有带利爪的三
趾，不擅飞行

胸骨：
小而简单，天龙骨突

尾巴：
有一条由 21 节尾
椎组成的长尾巴

槽齿龙

　　槽齿龙是一种草食性恐龙，生活于三叠纪晚期诺利阶与瑞提阶，化石大部分发现于南英格兰与威尔士的三叠纪地层。它们是二足恐龙，有着小型头部，牙齿呈叶状，有锯齿状边缘，且位于齿槽内，可以看出它们是食草恐龙，这也是它们名字的来源。槽齿龙的颈椎上有长的椎弓，以及前后排列的长神经棘，背椎有强化的横突，肩胛骨宽广、弯曲，稍呈板状。前肢比后腿短，有大型的拇趾尖爪，后腿修长结实，尾巴较长。它们也能四肢着地，以长在低处的植物为食。

◐ 命名者：H. 雷德利、S. 斯达奇柏里。

◐ 化石分布：英格兰、威尔士。

前肢：
短小

双腿：
修长结实

尾巴：
尾巴较长

体长：1.2 米	体重：30 千克	食性：草食

巨脚龙

　　巨脚龙又名巴拉帕龙或巨腿龙，估计生活于侏罗纪早期的托阿尔阶，距今1.896 亿至 1.765 亿年，是已知最早的蜥脚下目恐龙之一。它的全身骨骼化石除了头部和足部之外都已被发现，它的牙齿边缘有锯齿，形状像树叶，是草食性恐龙。科学家们推测它的头部较短小，身躯庞大笨重，尾巴长而灵活。

◐ 命名者：杰恩、卡提、罗伊·周德伯里、查特吉。

◐ 化石分布：印度中部。

牙齿：
呈锯齿状，
形状像树叶

尾巴：
长而灵活

双腿：
粗壮巨大

前肢：
粗壮

体长：18 米	体重：20 吨	食性：草食

火山齿龙

火山齿龙是一种相当小的早期蜥脚下目恐龙，生活于侏罗纪早期赫唐阶的非洲南部。它的化石发现于罗德西亚（现在的津巴布韦）的一处火山灰。模式种是卡里巴火山齿龙。它的前肢第一指有大型指爪。脖子细长，身躯庞大。

○ 命名者：拉斯。
○ 化石分布：津巴布韦。

头部：
较小，上颌部比下颌部宽

前肢：
第一指有大型指爪

双腿：
粗壮

体长：6.5 米	体重：4~5 吨	食性：草食

科：鲸龙科　　生存时代：侏罗纪中期

蜀龙

蜀龙是一种独特的蜥脚下目恐龙，生活于侏罗纪中期巴通阶到卡洛维阶的中国四川省，约 1.7 亿年前。蜀龙的化石在 1977 年发现于自贡市大山铺镇的下沙溪庙组。在蜥脚类恐龙中，蜀龙的颈部较短，显示它们以低矮植被为食，鼻孔位于口鼻部偏低的地方，牙齿呈圆柱状，齿冠呈匙状。蜀龙的尾巴末端拥有尾槌，尾槌有两个 5 厘米长的尖刺，可能是用来击退敌人。

○ 命名者：董枝明、张奕宏、周世武。
○ 化石分布：中国四川省自贡市大山铺镇。

牙齿：
呈圆柱状

前肢：
相对较短

双腿：
粗壮

体长：9.5 米	体重：3 吨	食性：草食

板龙

板龙生活于三叠纪晚期诺利阶到瑞提阶的欧洲，2.16 亿至 1.99 亿年前。它身长 6~10 米，体重约 700 千克，是体积庞大的二足、草食性恐龙。它的头颅骨相较于庞大的身躯，显得小型、狭窄，有鼻孔、眶前孔、眼眶、下颞孔 4 对洞孔，口鼻部长，有许多小型、叶状、位在齿槽中的牙齿。颈部细长，它用四肢爬行并寻觅地上的植物，但当需要时，它可以靠两只强壮的后腿直立起来，寻找其他可觅食的地方。它的前肢短小，有 5 个指头，拇指有大爪，爪能自由活动，后腿粗长。研究发现，它们喜欢群体活动。

➲ 命名者：克莉斯汀 · 艾瑞克 · 赫尔曼 · 汪迈尔。

➲ 化石分布：德国、瑞士、法国、瑞典。

牙齿：
有锯齿边缘、叶状的齿冠
尾巴：
又粗又长且十分灵活

身高：6~10 米	体重：700 千克	食性：草食

颈部：
颈部特别长

前肢：
短小，有 5 个指头

双腿：
粗壮并且很长

峨眉龙

峨眉龙生活于侏罗纪中晚期巴通阶到卡洛维阶的中国。峨眉龙的化石是由杨钟健等人于 1939 年在峨眉山附近的荣县发现，属于沙溪庙组地层。推测它的身长为 10~15 米，体重约为 20 吨，是中等大小的蜥脚类恐龙。它的头部呈楔形，牙齿粗大，前缘有锯齿，颈部长，前肢较短而粗壮，第一指有爪，后腿较长，第一、二、三趾上也有爪。峨眉龙可能是群居性恐龙。

◑ 命名者：杨钟健等人。

◑ 化石分布：中国四川省自贡市荣县。

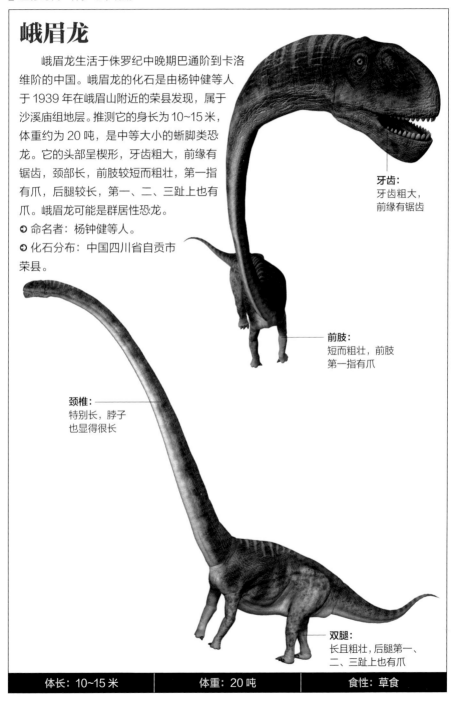

牙齿：
牙齿粗大，
前缘有锯齿

前肢：
短而粗壮，前肢
第一指有爪

颈椎：
特别长，脖子
也显得很长

双腿：
长且粗壮，后腿第一、
二、三趾上也有爪

体长：10~15 米	体重：20 吨	食性：草食

鲸龙

鲸龙生活于侏罗纪中期至晚期的欧洲英国及非洲摩洛哥，距今1.81亿至1.69亿年前。鲸龙约有18米长，重24.8吨，是四足的草食性恐龙。它的颈部与身体一样长，背椎非常重及原始，几乎是实心的。它的尾巴包含有最少40节尾椎，相对较长。鲸龙是第一种被发现、命名的蜥脚下目恐龙，也是第一种被发现于英格兰的蜥脚类恐龙。

◎ 命名者：理察·奥云。

◎ 化石分布：非洲北部、英国。

颈部：
较长，呈S形

背椎：
背椎非常重且原始，几乎是实心的

头部：
较小

尾巴：
相对较长，包含有最少40节尾椎

体长：18米	体重：24.8吨	食性：草食

巴洛龙

巴洛龙，是一种有长颈、长尾巴的巨大草食性恐龙，与较著名的梁龙为近亲。化石发现于侏罗纪晚期的北美洲莫里逊组。它在梁龙科中属于较大型的典型的恐龙。它的四肢与梁龙非常相似，但是它的尾巴较短，颈部较长。巴洛龙的头颅骨长而低矮，只有嘴部前段具有牙齿，牙齿呈钉状。巴洛龙的前肢比其他梁龙科的恐龙长，但仍比大部分蜥脚类恐龙的短。

◎ 命名者：
奥斯尼尔·C. 马什。

◎ 化石分布：坦桑尼亚马特瓦拉，美国南达科州、犹他州。

头部：
小脑袋

牙齿：
嘴的前部有扁平的圆形牙齿，后部没有牙齿

尾巴：
长长的尾巴

体长：20~27米	体重：10吨	食性：草食

天山龙

天山龙生活于侏罗纪晚期的中国。模式种是奇台天山龙，正模标本发现于石树沟组，地质年代为牛津阶，标本不完整，只有一些身体骨骼的骨头，缺少头颅骨与下颌，是中国古生物学家杨钟健在 1937 年将其叙述命名的。它的体长约为 10 米，属于中等大小的恐龙，前肢较短，肩胛骨较长。

◐ 命名者：杨钟健。

◐ 化石分布：中国新疆。

肩胛骨：
较长

尾巴：
逐渐变细，末端
更尖细

四肢：
较为健壮，支撑
身体及用来行走

颈部：
较为粗壮

| 体长：10~12 米 | 体重：未知 | 食性：草食 |

地震龙

地震龙是巨大的草食性恐龙之一，生活于启莫里阶到提通阶，1.54 亿至 1.44 亿年前。它的化石骨骼是在 1979 于新墨西哥州被发现，包含了脊椎、骨盆以及肋骨。2004 年，它被重新归类于梁龙属，并更名为哈氏梁龙。它的鼻孔位于口鼻部前端，但头颅骨上的鼻管孔位于头部顶部，前肢比后腿稍短。每只脚有 5 个脚趾，其中的一个脚趾长着爪子，用四足行走，属于群居性恐龙。

◐ 命名者：大卫·吉尔雷特。

◐ 化石分布：美国新墨西哥州。

前肢：
较短

双腿：
每只脚有 5 个脚趾，
其中一个长着爪子

| 体长：32 米 | 体重：22~27 吨 | 食性：草食 |

约巴龙

约巴龙又译酋巴瑞亚龙，生活于侏罗纪中期的尼日，1.64亿至1.61亿年前，1997年秋季在撒哈拉沙漠尼日发现它的化石。这具化石比较完整，包含了12块椎骨和其他不少化石。约巴龙是种非常原始的蜥脚类恐龙，因为它有着较小而复杂的椎骨和较短的尾巴。它的体重多由后脚支撑，能轻易地用后脚站立。它长着勺子一样的牙齿，这种牙齿非常适合用来夹住小树枝条。

◐ 命名者：保罗·塞里诺。

◐ 化石分布：非洲撒哈拉沙漠。

牙齿：
像勺子一样，适合用来夹住小树枝条

脖子：
由12个脊椎骨组成

尾巴：
逐渐变得尖细

体长：21米	体重：22吨	食性：草食

科：纳摩盖吐龙科　　生存时代：白垩纪晚期

非凡龙

非凡龙又名异常龙，生活于白垩纪晚期的桑托阶到坎潘阶，8500万至6500万年前。它的化石发现于蒙古的巴鲁恩戈约特组，只有部分头骨。它的头部特征类似于梁龙，头骨长而低矮，外形类似马，嘴部前段有钉状牙齿。纳摩盖吐龙可能是非凡龙的生物变异个体，或者近亲。

◐ 命名者：库尔扎诺夫、班尼科夫。

◐ 化石分布：中国内蒙古、蒙古。

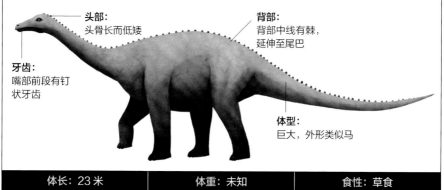

头部：
头骨长而低矮

背部：
背部中线有棘，延伸至尾巴

牙齿：
嘴部前段有钉状牙齿

体型：
巨大，外形类似马

体长：23米	体重：未知	食性：草食

梁龙

梁龙生活于侏罗纪末期的北美洲西部。梁龙是身长最长的恐龙之一，有着长颈及像鞭子的长尾巴。它的头颅骨及脑壳都很小型，牙齿呈楔形，并向前倾，只有颌部的前部有牙齿，颈部是由至少15节颈椎骨所组成，很长，不能高举。它有着极长的尾巴，由约80节尾椎所组成。对于它长长的尾巴功能的推测，有科学家认为它是用来防卫或者制造声响的，也有可能是用来平衡颈部的。梁龙的指爪与掌骨排列成垂直柱状，横剖面为马蹄形，只有前掌的第一指具有非常大的指爪，两侧平坦，不与掌骨连接。

◑ 命名者：奥塞内尔·查利斯·马什。

◑ 化石分布：美国科罗拉多州、蒙大拿州、犹他州、怀俄明州。

头部：
它的头颅骨及脑壳都很小型

颈部：
很长，由15节脊椎骨组成

体长：27 米	体重：6~20 吨	食性：草食

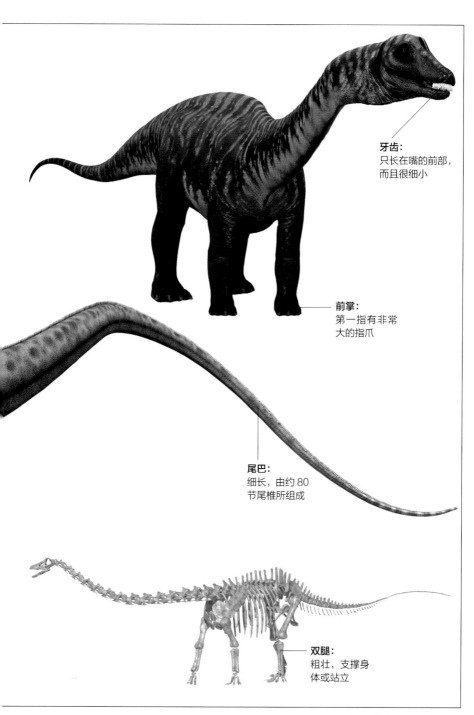

牙齿：
只长在嘴的前部，
而且很细小

前掌：
第一指有非常
大的指爪

尾巴：
细长，由约 80
节尾椎所组成

双腿：
粗壮，支撑身
体或站立

马门溪龙

马门溪龙生活在侏罗纪晚期，广泛分布在东亚地区。马门溪龙是曾经生活在地球上的脖子最长的动物之一，它们的脖子占身长的一半。据发现的化石估计马门溪龙的身长为 22~26 米，体重 11~17 吨。

它的头部很小，牙齿呈匙状，且布满嘴里。马门溪龙的长脖子或许是它最为显著的特征。它的脖子由长长的、相互叠压在一起的颈椎支撑着，因而十分僵硬，转动起来十分缓慢，上面的肌肉很强壮。脊椎骨中的空洞能减轻它庞大身躯的重量，同时也让它的身躯看起来很"苗条"。

○ 命名者：杨钟健。

○ 化石分布：中国中南部、蒙古、日本。

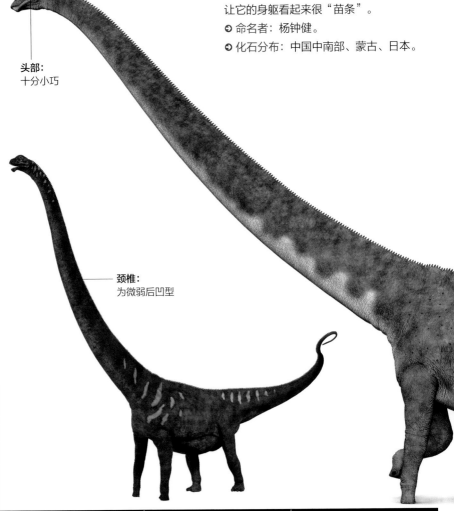

头部：
十分小巧

颈椎：
为微弱后凹型

| 体长：22~26 米 | 体重：11~17 吨 | 食性：草食 |

牙齿：
呈匙状，布满
整个口腔

脖子：
长度近体长的一半，
由长长的、相互叠压
在一起的颈椎支撑
着，十分僵硬，转动
起来十分缓慢，上面
的肌肉很强壮

尾椎：
前尾椎是前凹型，
后尾椎是双平型

腰椎：
是明显后凹型

迷惑龙

迷惑龙又译作谬龙，之前被称为雷龙，生活于侏罗纪的启莫里阶到提通阶之间，距今约1.5亿年。因为它的人字形骨很像沧龙，所以它被命名为迷惑龙，意为"骗人的蜥蜴"。迷惑龙的化石发现于美国的科罗拉多州、俄克拉荷马州与犹他州，以及怀俄明州。它是体型巨大的四足动物，颈部和尾巴很长，颈部可能比身躯还要长，近来科学家们研究它的颈部可能无法大幅向上弯曲。脊柱是中空的，头很小，后腿粗壮且比前肢长。

◎ 命名者：奥塞内尔·查利斯·马什。

◎ 化石分布：美国犹他州、怀俄明州、科罗拉多州，墨西哥。

牙齿：
钉状

头部：
很小，长而低矮

前肢：
较短

体长：21~26米	体重：30~35吨	食性：草食

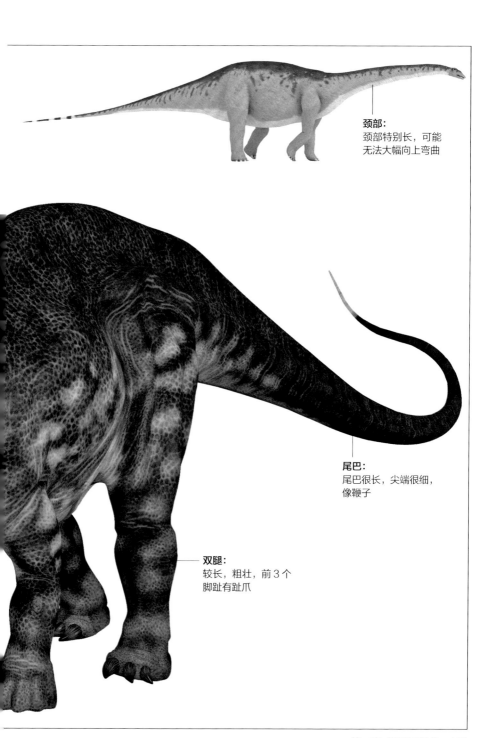

颈部：
颈部特别长，可能
无法大幅向上弯曲

尾巴：
尾巴很长，尖端很细，
像鞭子

双腿：
较长，粗壮，前3个
脚趾有趾爪

圆顶龙

圆顶龙是一种四足的草食性恐龙，生活于侏罗纪晚期，距今 1.55 亿至 1.45 亿年。它的头颅骨短而高，呈拱形，因此被命名为圆顶龙。钝的鼻端有大型洞孔，眼眶位于其头部后方，鼻孔巨大，颌部骨头厚实，牙齿像凿子，整齐地分布在颌部上。由牙齿的强度推测它可能以粗硬的植物为食，而且当它的牙齿磨坏后可以长出新的牙齿。圆顶龙的前肢比后腿略短，后腿粗壮，每只脚有 5 个脚趾，3 只脚趾上长着长而弯曲的爪，它可以用这些爪保护自己。

◑ 命名者：爱德华·德林克·科普。

◑ 化石分布：美国犹他州、怀俄明州、科罗拉多州，墨西哥。

头部：
不大，两个鼻孔分别长在两侧

牙齿：
口中生着勺形的牙齿，呈凿子状整齐排列

体长：7.5~20 米	体重：18 吨	食性：草食

颈部：
比较长且粗壮

前肢：
略短于后腿，
掌着地

尾巴：
比较长

双腿：
粗壮圆实

波塞东龙

头部：
比较小，扁平

波塞东龙又名海神龙、蜥海神龙，生活于白垩纪早期。它的化石在 1994 年被发现于美国俄克拉荷马州，之后在怀俄明州、德州也发现化石与足迹化石，地质年代属于白垩纪早期，它是一种大型四足草食性恐龙，前肢长于后腿，身体形态类似现代长颈鹿。它的身长为 30~34 米，体重为 50~60 吨，身高为 17 米，是目前已知最高的恐龙。据已发现的化石来看，波塞东龙的脊椎骨非常长，最大的脊椎骨长度约为 1.4 米，是目前记录中最长的，它的脖子可能比马门溪龙的还长。

◎ 命名者：韦德尔等人。
◎ 化石分布：美国俄克拉荷马州。

四肢：
四肢比较长，且健壮有力，是四足行走的恐龙

脊椎骨：
非常长

体型：
体型巨大

尾巴：
尾巴长而有力

体长：30~34 米	体重：50~60 吨	食性：草食

科：叉龙科
生存时代：侏罗纪晚期

短颈潘龙

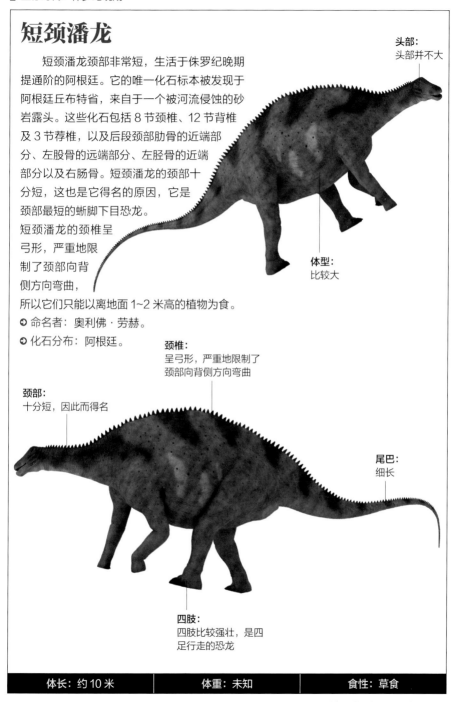

短颈潘龙颈部非常短，生活于侏罗纪晚期提通阶的阿根廷。它的唯一化石标本被发现于阿根廷丘布特省，来自于一个被河流侵蚀的砂岩露头。这些化石包括 8 节颈椎、12 节背椎及 3 节荐椎，以及后段颈部肋骨的近端部分、左股骨的远端部分、左胫骨的近端部分以及右肠骨。短颈潘龙的颈部十分短，这也是它得名的原因，它是颈部最短的蜥脚下目恐龙。短颈潘龙的颈椎呈弓形，严重地限制了颈部向背侧方向弯曲，所以它们只能以离地面 1~2 米高的植物为食。

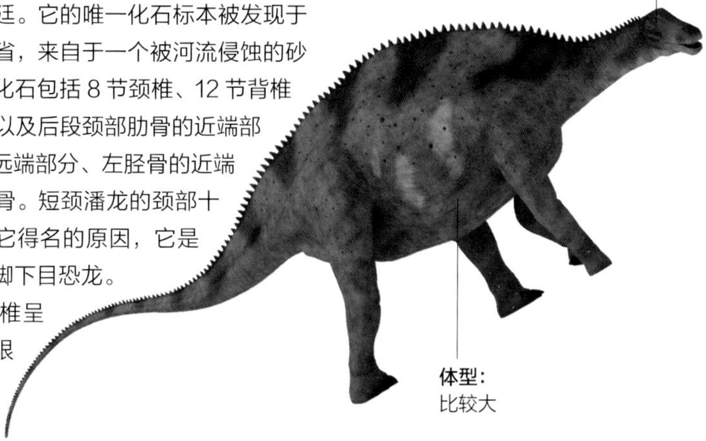

头部：
头部并不大
体型：
比较大

- 命名者：奥利佛 · 劳赫。
- 化石分布：阿根廷。

颈椎：
呈弓形，严重地限制了颈部向背侧方向弯曲
颈部：
十分短，因此而得名
尾巴：
细长
四肢：
四肢比较强壮，是四足行走的恐龙

体长：约 10 米	体重：未知	食性：草食

腕龙

　　腕龙生活于侏罗纪晚期的北美洲，可能还有白垩纪早期的北非。它的名字之所以叫腕龙，是因为它的前肢长于后腿。它是四足草食性恐龙，身体结构像长颈鹿，脖子很长，头部和胸部小，前肢长于后腿，尾巴长。它的头颅骨有很多大型洞孔，能帮助减轻重量，有凿状牙齿，适合咬碎植物。前脚的第一趾及后脚的前三趾，有趾爪。腕龙前肢高大，肩部耸起，整个身体沿肩部向后倾斜。科学家推测它有好几个心脏来将血液输遍它庞大的身体。腕龙每天约需要吃 1500 千克的食物，来补充它庞大的身体生长和四处活动所需的能量。

　◐ 命名者：埃尔默·里格斯。

　◑ 化石分布：美国科罗拉多州大河谷、犹他州，葡萄牙，坦桑尼亚。

颈部：
颈部很长，
像长颈鹿

肩部：
肩部耸起，整个
身体沿肩部向后
倾斜

前肢：
粗壮，长于后腿

体长：22~30 米	体重：30~80 吨	食性：草食

牙齿：
凿状牙齿，能轻
易咬断植物

头部：
头部不大，头颅骨
有很多大型洞孔，
能帮助减轻重量

双腿：
像柱子一样，
相对较细

盘足龙

　　盘足龙生活于白垩纪早期的巴列姆阶或者阿普第阶，1.3亿至1.12亿年前，它的化石被发现于中国山东省，是中等体型的蜥脚类恐龙。模式种是师氏盘足龙，化石只有部分骨骼，包含大部分颈部、脊柱以及缺少牙齿的头颅骨。它的前肢长于后腿，足像圆盘，以适应在水中生活，颈部和尾部都比较长。它是有记载以来第一个在中国被发现的恐龙。

○ **命名者：**
阿尔弗雷德·罗默。

○ **化石分布：**中国。

前肢：
前肢长于后腿

尾巴：
较长

双腿：
像柱子一般，足像圆盘

体长：15 米	体重：15~20 吨	食性：草食

科：梁龙科　　生存时代：白垩纪早期

亚马孙龙

　　亚马孙龙生活于下白垩纪的南美洲。亚马逊龙的化石是在三角洲的泛滥平原沉积层中被发现，化石所在的地层为伊塔佩库鲁地层，年代为下白垩纪的阿普第阶至阿尔布阶，距今1.25亿至1亿年。化石不完整，包括一些背椎及尾椎、肋骨及骨盆的碎片。它的身长估计为12米，是一种大型的四足草食性恐龙，有着长颈及鞭子般的尾巴。

○ **命名者：**利安纳度·萨尔加多等人。

○ **化石分布：**巴西里约热内卢。

体型：
体型大，长可达12米

尾巴：
很长，像鞭子

体长：12 米	体重：未知	食性：草食

科：叉龙科
生存时代：白垩纪早期

阿马加龙

阿马加龙又译阿玛加龙，生活于下白垩纪的南美洲，大约为巴列姆阶至阿普第阶早期，距今 1.3 亿至 1.2 亿年。它的化石是在阿根廷内乌肯省的拉阿马加峡谷被发现。它的化石较完整，包括头颅骨的后部，及所有的颈椎、背椎、荐椎与部分的尾椎。阿马加龙骨骼最明显的特征就是在颈椎及背椎上长着两列高棘，并且沿着背部一对对平行排列，直至臀部。对于这些高棘的功能，科学家有过许多猜测，它们可能是用来防卫、沟通或控制体温，但是真正的用途还未知。它是四足的草食性恐龙。

➲ 命名者：利安纳度·萨尔加多、约瑟·波拿巴。

➲ 化石分布：阿根廷。

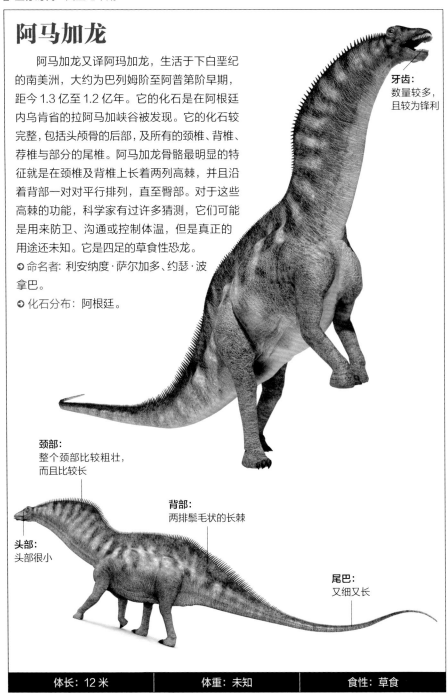

牙齿：
数量较多，
且较为锋利

颈部：
整个颈部比较粗壮，
而且比较长
背部：
两排鬃毛状的长棘
头部：
头部很小
尾巴：
又细又长

体长：12 米	体重：未知	食性：草食

葡萄园龙

葡萄园龙生活于上白垩纪的欧洲，是非常有名的欧洲蜥脚下目恐龙。因为它的化石是在法国南部近利穆·布朗克特的葡萄园发现的，因此被命名为葡萄园龙。化石发现的地层被认为是属于上白垩纪的麦斯特里希特阶，距今 7400 万至 7000 万年。与大部分蜥脚下目恐龙相似，葡萄园龙有着长颈及长尾巴，它的背部有鳞甲。葡萄园龙由鼻端至尾巴可达 15 米长。研究人员比较长颈巨龙、葡萄园龙的化石，提出葡萄园龙的颈部仅能做出有限度的左右摆动。

◑ 命名者：让·乐·勒夫。

◑ 化石分布：法国。

头部：
头部较小

背部：
背部有鳞甲

体长：15~18 米	体重：未知	食性：草食

颈部：
颈部长，仅能做出
有限度的左右摆动，
比较粗壮

四肢：
四肢健壮，是四
足行走的恐龙

尾巴：
比较长

鄂托克龙

鄂托克龙化石发现地为中国内蒙古的鄂托克旗，化石包括脚掌及右股骨，以及一些其他的骨头。根据化石推断，它有强壮的腰及背部，后背部很高，在同时代蜥脚类恐龙属于最高的。它的腰带及股骨十分粗壮，后腿长于前肢。鄂托克龙生活于邻近湖泊及植物的环境。

◑ 命名者：赵喜进。

◑ 化石分布：中国内蒙古自治区鄂托克旗阿尔巴斯苏木。

背部：
强壮，后背部很高

双腿：
后腿长于前肢

| 体长：15 米 | 体重：未知 | 食性：草食 |

伊希斯龙

伊希斯龙活于上白垩纪的印度，模式种是柯氏伊希斯龙。据估计，伊希斯龙的身长 18 米，体重 14 吨。与其他蜥脚下目不同的是，它的颈部较短而且是垂直的，前肢很长。由伊希斯龙粪化石上的真菌可以推断出它是吃树叶的。

◑ 命名者：威尔逊、厄普丘奇。

◑ 化石分布：印度、老挝、马达加斯加、阿根廷以及欧洲。

头部：
较小，有冠饰

颈部：
颈部较短且垂直

后腿：
粗壮，似大象的肢体

| 体长：18 米 | 体重：14 吨 | 食性：草食 |

潮汐龙

潮汐龙是一种大型恐龙，化石被发现于埃及的拜哈里耶组，该地层属于上白垩纪的海岸沉积层。模式种是罗氏潮汐龙。它是一种四足食草恐龙，头部小，颈部和尾巴很长，身躯庞大，行动不灵活，身上可能拥有防御用的皮内成骨。潮汐龙是第一种被证实存活在红树林生态环境的恐龙。

◑ 命名者：史密斯等人。

◑ 化石分布：
埃及。

头部：
头部小

颈部：
很长

尾巴：
很长

体长：24~30 米	体重：70 吨	食性：草食

澳洲南方龙

澳洲南方龙又名澳洲龙，生活于上白垩纪的澳洲昆士兰省中西部，距今9800万至9500万年。1932年，H.B. 韦德于昆士兰省北部的克卢萨车站附近发现了澳洲南方龙的化石，并由希伯·朗曼于1933年所描述、命名。据化石资料显示，它的臀部高约3.9米，肩膀高4.1米，可见它的背部几乎是水平的。

◑ 命名者：
希伯·朗曼。

◑ 化石分布：澳大利亚昆士兰地区。

体型：
大，而且较长

前肢：
较短，手部有三爪

后腿：
较为壮实，主要用来支撑身体和行走

体长：15 米	体重：未知	食性：草食

萨尔塔龙

　　萨尔塔龙又名索他龙，生活在白垩纪晚期。萨尔塔龙的化石被发现于阿根廷，该地层属于白垩纪晚期的坎潘阶到马斯特里赫特阶。这些化石包括脊椎、四肢骨头、数个颌部骨头以及不同的骨甲。根据被发现的化石估计，它们身长为 12 米，体重为 7 吨，是四足草食性蜥脚下目恐龙。模式种为护甲萨尔塔龙。它的背部有骨甲，骨甲之间长着数百个骨质的纽扣或大头钉状的饰物，身躯庞大，有着鞭子一样的长尾巴。这些骨甲对于萨尔塔龙有着保护作用。

◑ 命名者：约瑟·波拿巴、杰米·鲍威尔。

◑ 化石分布：阿根廷、乌拉圭。

尾巴：
鞭子一样的长尾巴，灵活有力

头部：
头部不大，嘴巴像鸭嘴形状

背部：
背部有骨甲，骨甲之间长着数百个骨质的纽扣或大头钉状的饰物

体型：
体型大，体长 12 米，重达 7 吨

四肢：
四肢健壮有力，是四足行走的恐龙

体长：12 米	体重：7 吨	食性：草食

阿根廷龙

　　阿根廷龙是四足草食性恐龙，可能是地球上曾经生活过的体型最巨大的陆地动物。阿根廷龙只有部分骨架被发现。模式种是乌因库尔阿根廷龙。它的化石是在阿根廷内乌肯省的利迈河地层被发现的，属于白垩纪阿尔布阶至森诺曼阶，距今 1.122 亿至 9350 万年。

◎ 命名者：约瑟·波拿巴、罗多尔夫·科里亚。

◎ 化石分布：阿根廷。

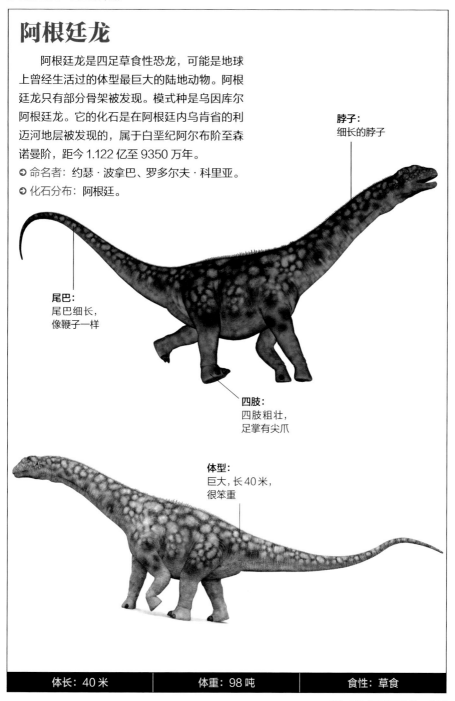

脖子：
细长的脖子

尾巴：
尾巴细长，
像鞭子一样

四肢：
四肢粗壮，
足掌有尖爪

体型：
巨大，长 40 米，
很笨重

体长：40 米	体重：98 吨	食性：草食

第二章
鸟臀目恐龙

鸟臀目恐龙也称为鸟盘目恐龙，
意思是"如鸟类般的臀部"，
这是因为这类恐龙拥有与鸟类相似的骨盆结构。
鸟臀目恐龙是一类有喙的草食性恐龙，
其前齿骨与上颌的前上颌骨互相咬合，
呈类似鸟嘴的形状，可以撕裂食物。

莱索托龙

莱索托龙是一种比较小巧的鸟脚类恐龙，它的体型不大，体长大概1米，体重大概10千克，根据已发现的化石推测，莱索托龙生活在侏罗纪早期的莱索托地区。莱索托龙是一种植食性的恐龙，主要食物是一些树叶、果实等，它的牙齿是箭头形的，比较适合咬住食物。它的颌骨仅能上下运动，咀嚼时，上下齿相互吻合，便可咬碎食物。

可以看出，莱索托龙体型较小，动作敏捷，可以快速奔跑。

体型：
不大，体长1米左右，比较小巧

牙齿：
箭头形的牙齿有利于咬住食物

◎ 命名者：彼得·加尔东。
◎ 化石分布：北美洲的美国与加拿大西部。

体长：1米	体重：10千克	食性：植食

畸齿龙

在整个鸟臀目恐龙之中，畸齿龙是迄今为止发现最早的。据推测，畸齿龙生活在侏罗纪早期，生存地点在非洲南部和亚洲等地区。畸齿龙的名字来源于它的牙齿与众不同。畸齿龙具有三种类型的牙齿：口鼻部的前段是小型牙齿，用以咬断树叶与茎；第二种牙齿是一对长牙，功能仍不清楚，但有研究认为第二种牙齿可能是种性别上的展示物，或是威吓求偶对手或竞争领地用；第三种类型的牙齿是长方形的颊齿，这种类型的牙齿是咀嚼的适应演化结果。脸部两侧可能拥有颊部。

◎ 命名者：克隆普顿、夏里格。
◎ 化石分布：非洲、亚洲。

前肢：
比后腿短，手掌有5个手指，紧握并操作食物

后腿：
行走，行动敏捷

身高：1米	体重：未知	食性：植食

■ 科：结节龙科
生存时代：白垩纪早期

敏迷龙

　　敏迷龙是生活于白垩纪早期距今约1.14亿年的结节龙科恐龙，它是南半球发现的第一条甲龙。敏迷龙的头部比较像乌龟，头颅骨比较宽，脑部非常小，颈部比较短。它身体的很多部位都披着甲片，背部有瘤状物的鳞甲，腹部覆盖着由很小的盾甲组成的坚甲。敏迷龙是四足恐龙，它的前肢较短，后腿较长。有垂直的骨板，骨板沿脊椎骨两侧分布。据推测，敏迷龙是一种植食性恐龙。

○ 命名者：拉尔夫·摩尔那。

○ 化石分布：澳大利亚。

背部：
背部有瘤状物的鳞甲

头部：
头部比较像乌龟，头颅骨比较宽，脑部非常小

四肢：
前肢较短，后腿较长，四肢稳健

体长：3米	体重：2吨	食性：植食

■ 科：棱齿龙科　　生存时代：侏罗纪中期到白垩纪晚期

棱齿龙

　　棱齿龙是一种体型中等的恐龙，它的生存时期从侏罗纪中期开始，在白垩纪晚期灭绝。棱齿龙的颌部前方仍拥有三角形牙齿，牙齿比较锐利，臼齿具切割作用，排列成单列，且3颗一组地更新，能够咬碎食物。凌齿龙是双足恐龙，每个手掌有5个指骨，双腿修长，行走和奔跑速度比较快，尾巴硬挺。因此在众多种类的恐龙中，棱齿龙经常被比喻为中生代的鹿。

○ 命名者：汤玛斯·亨利·赫胥黎。

○ 化石分布：英国威特岛、西班牙泰鲁、美国南达科塔州。

牙齿：
牙齿锋利，呈三角形，牙齿能生长更新

前肢：
比后腿短，手掌有指骨

尾巴：
尾巴较长且硬挺

体长：1.5~2.5米	体重：65千克	食性：植食

科：畸齿龙科
生存时代：侏罗纪早期

异齿龙

异齿龙是一种生活在侏罗纪早期的恐龙。异齿龙的体型较小，但是前肢肌肉发达，它的肩膀、前肢腕部和掌部的关节很粗硬，这些都可以帮助它寻找食物。据推测，异齿龙是利用四肢往侧边摊开来支撑身体的。另外，异齿龙的尾巴很坚硬，也是支撑身体、保持平衡的重要部位。异齿龙最大的特点是口中那 3 种不同的牙齿。异齿龙背部有靠脊椎神经棘支撑的高大背帆，据推测，这背帆可能是用来控制体温的，也有可能是用来求偶或者吓退敌人的。

◯ 命名者：克隆普顿、夏里格。
◯ 化石分布：南非开普敦、莱索托奎星。

背部：
有靠脊椎神经棘支撑的高大背帆

前肢：
粗壮有力，肌肉发达

体长：1.2 米	体重：20 千克	食性：植食

科：橡树龙科　　生存时代：侏罗纪晚期

橡树龙

橡树龙是一种生活于侏罗纪晚期的橡树龙科恐龙，体型中等。据推测，橡树龙是一种植食性恐龙。橡树龙的眼睛很大，前面有一根特殊的骨头，这块骨头的作用可能是用来托起眼球和眼睛周围的皮肤。没有牙齿，只有锋利的颊牙，角质的嘴巴像鸟喙一样。前肢较短，有五根长指。橡树龙和棱齿龙都被比喻为鹿，因为它的后腿很长、充满力量，奔跑速度也比较快。橡树龙的尾巴很坚硬，在它奔跑的时候，尾巴可以使身体保持平衡。

◯ 命名者：马什。
◯ 化石分布：美国西部、坦桑尼亚。

眼睛：
眼睛很大，前面有支撑的骨头

牙齿：
没有牙齿，只有锋利的颊牙

后腿：
长而有力，有助于奔跑

体长：3~4 米	体重：100 千克	食性：植食

冠龙

冠龙，又名盔龙、鸡冠龙、盔头龙、盔首龙，是一种生活于白垩纪晚期，距今约 7500 万年的鸭嘴龙科恐龙。根据化石推测，冠龙体型巨大，体长可达 10 米，皮肤表层凹凸不平，头顶上有个中空的冠。它的喙里没有牙，嘴里有上百颗牙齿，冠龙用嘴咬断树叶和松针等食物。冠龙的前肢比较短，后腿长，它的前肢没有利爪，身上也没有盔甲棘刺等可以抵御肉食恐龙的袭击，行走时依靠两条腿。另外，冠龙的尾巴又长又粗壮，有平衡身体的作用。据推测，冠龙是群居恐龙，性情较温和，依靠发达的视力和听力去洞悉外界，是一种比较聪明的恐龙。

◎ **命名者**：巴纳姆·布朗。

◎ **化石分布**：美国、加拿大。

头顶：
有个中空的冠

前肢：
比较短，没有利爪

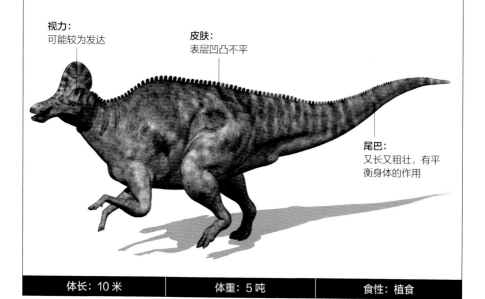

视力：
可能较为发达

皮肤：
表层凹凸不平

尾巴：
又长又粗壮，有平衡身体的作用

体长：10 米	体重：5 吨	食性：植食

弯龙

　　弯龙是一种生存时期比较特殊的恐龙，它从侏罗纪末期出现，到白垩纪灭绝，时间具有交叉性。弯龙是禽龙的近亲。弯龙的头骨比较小，牙齿排列紧密，叶状牙齿位于嘴部后段，拥有骨质次生颚，使它们进食的同时可以呼吸，牙齿的两侧锯齿边缘有明显的棱脊，比橡树龙更明显。弯龙的前肢有 5 根指，前 3 根有指爪。拇指最后一节呈尖状结构，而禽龙的则是笔直的尖爪，这一点两者不同。从化石足迹显示，弯龙的趾间没有肉垫相连接，这一点也与禽龙不同。弯龙脊椎骨神经棘侧边的筋腱呈现交错形态，这样可以使得弯龙的脊部比较直挺。弯龙是一种四足行走的恐龙，体型比较大，成年弯龙体长可达 7 米。因为弯龙的体型较大，导致它的行走速度不快。

　◎ 命名者: 奥塞内尔·查利斯·马什。
　◎ 化石分布: 欧洲西部、美国西部。

牙齿:
牙齿排列紧密，牙齿的两侧锯齿边缘有明显的棱脊

前肢:
有 5 根指头，前 3 根有指爪，拇指最后一节呈尖状结构

体长: 5~7 米	体重: 800 千克	食性: 植食

脊背：
脊背挺直，脊椎骨
神经棘侧边的筋腱
呈现交错形态

头部：
头骨小

尾巴：
细长

后腿：
后腿比前肢长，
有支撑作用

腱龙

腱龙是一种生活在白垩纪早期的恐龙。最开始腱龙被认为是属于棱齿龙科的恐龙，后来才被认为是一种非常原始的禽龙类。目前发现的只有腱龙的前肢化石，因此对于腱龙的研究还不是很全面。据推测，腱龙体型很大，但是防卫能力比较差，常常抵御不了敌人的袭击。另外，腱龙是一种四足行走的恐龙，它的前肢有爪，可以用爪攻击敌人。腱龙还有一条又粗又长的尾巴，这是腱龙攻击敌人的武器，当然，这不能跟其他肉食恐龙的厉害程度相比。据推测，腱龙是一种温顺的植食性恐龙。2008年在一个腱龙标本研究中发现了髓质组织。令人惊奇的是，这个标本的腱龙死亡时才八岁。这种情况表明恐龙普遍具有髓质组织，而且在未完全成年前，就已经达到性成熟了。

◎ 命名者：不详。

◎ 化石分布：北美洲。

尾巴：
又粗又长，是防御敌人的一种武器

头部：
头部不大

四肢：
前肢有利爪，后腿比前肢要健壮

体型：
很大，但并没有很强的防卫能力

体长：7~10 米	体重：5 吨	食性：植食

厚颊龙

厚颊龙是一种生活在白垩纪晚期的棱齿龙科恐龙。根据保存下来的最好的厚颊龙脚部化石推测，厚颊龙的体型属于中等大小。厚颊龙的头部比较短，在上颌骨及齿骨处有明显的隆起部位，研究者推测那是面颊肌肉的连接点。由于所发现的化石资料有限，目前所了解的厚颊龙的骨骼结构也比较少，只是把它与其他棱齿龙科恐龙对比得知它可能是二足行走的恐龙。厚颊龙有一条长长的尾巴。据推测，厚颊龙可能是植食性的恐龙。

◎ 命名者：高尔顿。

◎ 化石分布：美国南达科他州、蒙大拿州。

头部：
比较短，在上颌骨及齿骨处有明显的隆起部位，可能是面颊肌肉的连接点

后腿：
粗壮有力，肌肉发达，两足行走

体长：4米	体重：未知	食性：植食

科：鸭嘴龙科　　生存时代：白垩纪晚期

卡戎龙

卡戎龙别名查龙或冥府渡神龙，是一种生活于白垩纪晚期的鸭嘴龙科恐龙。据推测，卡戎龙的体型巨大，模标本是一个发现于黑龙江的头颅骨，地质年代为白垩纪晚期的马斯特里赫特阶。卡戎龙的后腿健壮，有利于行走和奔跑。它的头顶有一个冠，类似一根管状骨头，这管状骨头是中空的，当卡戎龙震动骨头中空气的时候，外界就好像听到一串低音的长号一样。据推测，这种声音是卡戎龙为了让同伴知道它所在的位置，或者是作为一种信号来通知同伴附近有危险。

◎ 命名者：迦得弗利兹、赞·金。

◎ 化石分布：中国黑龙江。

头顶：
有一个长冠，类似一根中空的管状骨头，可震动骨头中空气发声，用来传送消息或吸引异性

后腿：
后腿健壮，肌肉发达，有利于行走和奔跑

体长：13米	体重：7吨	食性：植食

禽龙

禽龙是一种生活在距今 1.4 亿至 1.2 亿年白垩纪早期的恐龙。禽龙的体型很大，有的身长可达 9 米。牙齿有锯齿状刃口，与鬣鳞蜥的牙齿比较相像，上颚骨左右两侧各有 20 多颗牙齿，当嘴巴闭合时，禽龙上下颚的颊齿表面会互相磨合咀嚼食物。据推测，禽龙是植食性恐龙，可以吃一些坚硬的树枝、果实等。前肢有锐利的爪子，可能是用来抵抗掠食者的，同时也可以在进食时捧食食物用。小指纤细而灵活，可协助勾取食物。禽龙是两足行走的恐龙，后腿比较发达，利于行走。有一条又长又粗的尾巴，而且比较坚挺，这条尾巴可以起到平衡身体的作用。发现的禽龙化石比较完整，有的化石成群，推测它们曾经结群而行。

◎ 命名者：吉迪恩·曼特尔。

◎ 化石分布：欧洲的比利时、英国、德国。

牙齿：
有锯齿状刃口，与鬣鳞蜥的牙齿比较相像，上颚骨两侧各有 20 多颗牙齿

爪子：
类似短剑，锐利，可用来抵抗掠食者或捧食食物

体长：9 米	体重：4~5 吨	食性：植食

前肢：
较长，约为后腿
的 75%

尾巴：
又长又粗，比较
坚挺，具有平衡
身体的作用

背部：
较平，有鳞状中线，
延伸至尾部

后腿：
粗壮有力，肌肉发达，
每个脚掌有 3 个脚趾，
利于行走

加斯帕里尼龙

加斯帕里尼龙是一种生活于白垩纪晚期的禽龙科恐龙。加斯帕里尼龙体型较小，头部呈圆形，眼眶位于头颅骨相当高的部位。在加斯帕里尼龙颧骨前方位置有个细长骨突，被上颌骨与泪骨夹住，颧骨后段比较高。方颧骨有个长升突，接触鳞状骨，这是一种原始特征。前肢瘦长而后腿强壮，脚掌长，第一趾骨后缩呈夹板状，具有进阶型的特征。尾巴是呈三角形的骨骼，可以支撑身体平衡。

◎ 命名者: 科里亚。

◎ 化石分布: 阿根廷。

头部:
呈圆形，眼眶位于头颅骨相当高的部位

尾巴:
呈三角形的骨骼，可以支撑身体平衡

四肢:
前肢瘦长，后腿强壮，脚掌长，第一趾骨后缩呈夹板状

体长: 2 米	体重: 130 千克	食性: 植食

青岛龙

青岛龙是一种生活在白垩纪晚期的鸭嘴龙科恐龙，其化石被发现于中国青岛附近莱阳地区，也是我国首次发现的完整的恐龙化石。根据化石推测，青岛龙头顶上有一只细长的角，关于这只角的倾斜方向和作用，外界众说纷纭。比较多的是认为这是个顶饰，是在相当靠后的鼻骨上长着的一条带棱的棒状棘，很像独角兽的角。青岛龙坐骨末端呈足状扩大。青岛龙并不擅于奔跑，本身不具备什么防御武器。据推测，青岛龙是一种植食性的恐龙。

◎ 命名者: 杨钟健。

◎ 化石分布: 中国山东省。

头顶:
头顶上有一只细长的角

四肢:
前肢较后腿短

体长: 7 米	体重: 1.5 吨	食性: 植食

沼泽龙

　　沼泽龙是一种生活于白垩纪晚期的恐龙，属于鸭嘴龙科。由于这种恐龙生活的地点是湿地和沼泽，因此它被命名为沼泽龙。在鸭嘴龙科恐龙中，沼泽龙属于体型中等的恐龙，它的身长大概 5 米。化石被发现于现在的罗马尼亚、法国以及西班牙地区。1903 年法兰兹·诺普乔对它的模式种特兰西瓦尼亚沼泽龙进行了叙述和命名。据推测，沼泽龙是一种植食性的恐龙，主要食物是草、树叶和果实等。

◎ 命名者：法兰兹·诺普乔。

◎ 化石分布：罗马尼亚、法国、西班牙。

尾巴：
粗壮，逐渐变细

头部：
较平

后腿：
健壮

前肢：
短小

体长：5 米	体重：未知	食性：植食

大鸭龙

　　大鸭龙又名大鹅龙，是一种生活在白垩纪晚期距今 6800 万至 6500 万年的鸭嘴龙科恐龙，它属于鸭嘴龙科中的平头类。大鸭龙的皮肤凸起，头颅骨长而扁。口鼻部有明显的鸭嘴外形，嘴部前段的无齿喙嘴，也比其他鸭嘴龙类长，构成颌部关节的方骨明显弯曲，下颌笔直而长。前齿骨宽，呈铲状。颌两侧有明显的棱脊，可能使下颌牢固。据推测，大鸭龙在捕食时以四足方式行走，在奔跑时以二足方式行走，是一种植食性的恐龙。

◎ 命名者：爱德华·德林克·科普。

◎ 化石分布：加拿大。

头部：
较平

四肢：
四肢较长、细，二足或四足行走，二足奔跑

体长：12 米	体重：3 吨	食性：植食

赖氏龙

赖氏龙又名兰伯龙，是一种生活于白垩纪晚期距今 7600 万至 7500 万年的鸭嘴龙科恐龙。赖氏龙以头顶的冠饰而著名，赖氏龙的冠饰往前倾，冠饰里的垂直鼻管位在冠饰前部。赖氏龙的牙齿是不断生长的，使用喙状嘴切割植物。前肢有 4 个指，缺乏拇指，中间三指有爪，能够联合在一起用力，显示赖氏龙能够以前肢支撑重量，小指能够用来操作物体。赖氏龙的每个脚掌只有中间 3 个脚趾。赖氏龙的长尾巴由骨化肌腱支撑，尾巴坚挺。据推测，赖氏龙是一种植食性恐龙，主要食物是树叶、果实等，在进食上比其他鸭嘴龙科的恐龙更具选择性。另外，赖氏龙采用二足或者四足方式行走。

◑ 命名者：帕克。

◑ 化石分布：美国、加拿大、墨西哥。

头顶：
冠饰往前倾，
垂直鼻管位在
冠饰前部

前肢：
有 4 个指，缺乏
拇指，中间三指有
爪，能够联合在一
起用力

| 体长：9 米 | 体重：4 吨 | 食性：植食 |

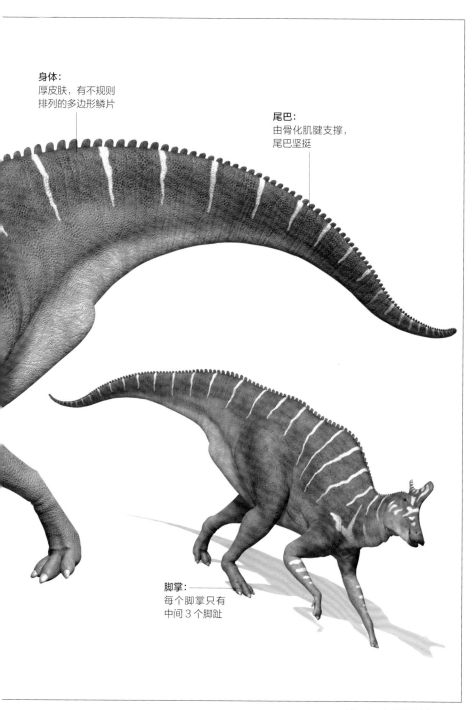

身体：
厚皮肤，有不规则
排列的多边形鳞片

尾巴：
由骨化肌腱支撑，
尾巴坚挺

脚掌：
每个脚掌只有
中间 3 个脚趾

奇异龙

嘴巴：
喙状嘴，肉质颊部
位于嘴部的两侧，
可以咀嚼食物

背部：
背部中线可能有
小型鳞甲

奇异龙是一种生活于白垩纪晚期的棱齿龙科恐龙，体型中等，体长3米多。它的头部有长而尖的喙状嘴，头颅骨的前上颌骨有牙齿，奇异龙的上颌骨与齿骨外侧，都有一道明显的棱脊。此外，上颌骨与齿骨的牙齿位于内侧深处，显示奇异龙在生前可能具有肉质的颊部，位于嘴部的两侧，肉质颊部可以咀嚼食物。奇异龙身体背部中线可能有小型鳞甲，前肢较小，后腿健壮，是二足行走的恐龙，可能是杂食性恐龙。奇异龙的长尾巴由骨化肌腱支撑，尾巴灵活性不高。

◐ 命名者：吉尔摩。
◐ 化石分布：美国、加拿大。

尾巴：
灵活性不高

体长：3.5米	体重：300千克	食性：杂食

帕克氏龙

帕克氏龙是一种生活于白垩纪晚期距今7000万年的棱齿龙科恐龙。帕克氏龙体型不大，拥有中等长度的颈部、小型头部、喙状嘴、短而强壮的前肢以及长而强壮的后腿，帕克氏龙的胸侧肋骨有薄的软骨骨板。目前还没有对于帕克氏龙体型的详细估计值。帕克氏龙的化石包含一个关节相连的部分头颅骨与部分骨骸，显示它们为小型、二足、植食性恐龙。

◐ 命名者：查尔斯·斯腾伯格。
◐ 化石分布：北美洲。

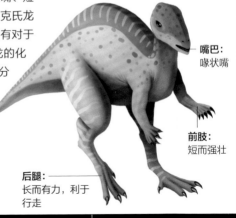

嘴巴：
喙状嘴

前肢：
短而强壮

后腿：
长而有力，利于
行走

体长：未知	体重：未知	食性：植食

冠长鼻龙

冠长鼻龙是一种生活于白垩纪晚期的恐龙，体型很大。冠长鼻龙的化石在 20 世纪 40 年代被发现于美国亚拉巴马州达拉斯县。据研究，有人把冠长鼻龙认为是原栉龙的幼年个体，还有人认为冠长鼻龙属于原始离龙类，但这些假设都没有被普遍接受。被普遍接受的是冠长鼻龙属于原始鸭嘴龙亚科恐龙，是所有其他鸭嘴龙亚科的姊妹分类单元。根据已发现的化石，冠长鼻龙的标本包含小半个头颅骨、数节脊椎以及大部分前后腿。这个标本

很有可能经由河流冲入海洋，下沉及埋藏在密西西比河海湾的碳酸盐沉积淤泥中。

◎ 命名者：兰斯顿。

◎ 化石分布：美国。

鼻子：
有冠饰

体型：
体型大，体长
15 米左右

体长：15 米	体重：未知	食性：植食

慈母龙

慈母龙是一种大型恐龙，生活于白垩纪晚期的蒙大拿州，约 7400 万年前。迄今为止，慈母龙的化石仅被发现于双麦迪逊组。慈母龙的脸看着像是鸭子的脸。它的喙里没有牙，但是嘴的两边有牙。小慈母龙长 30 厘米。慈母龙的前肢比后腿短，有一条长尾巴。慈母龙走路时用四肢，而跑步时用两条腿，且跑得很快。慈母龙拥有典型鸭嘴龙科的平坦喙状嘴以及厚鼻部。慈母龙的眼睛前方有小型、尖状冠饰，头冠可能用在求偶时节，或作

为物种内打斗行为使用。慈母龙是植食性恐龙，可能生存在内陆环境。

◎ 命名者：霍纳、马凯拉。

◎ 化石分布：美国蒙大拿州双麦迪逊组。

头部：
眼睛前方有小型、尖状冠饰

尾巴：
强壮

体长：6~9 米	体重：4 吨	食性：植食

沉龙

沉龙是一种生活于白垩纪早期距今 1.21 亿至 1.12 亿年的恐龙。它的名字由来是因为它的体型很大，据推测，沉龙的体长达 9 米，体重有 12 吨。它的化石被发现于尼日。沉龙的前肢比较短，但是很粗壮，和许多禽龙类恐龙相似，在沉龙的拇指上有针状的指爪，沉龙可能会用指爪防御外界的进攻。颈部长约 1.6 米，尾巴相较于其他鸟脚类恐龙较短。因为沉龙的体型比较笨重，所以在奔跑的时候它的速度很慢，如果遇到攻击它的敌人，它不容易远离。

◯ 命名者：菲利普·塔丘特、戴尔·罗素。
◯ 化石分布：尼日。

体型：
体型大

体长：9 米	体重：12 吨	食性：植食

福井龙

福井龙是一种生活于白垩纪早期的恐龙。福井龙的化石于 1990 年被发现于日本福井县，是一个颅骨。据化石推测，福井龙是一种体型中等的恐龙，它的身长 4.5 米，体重 400 千克。福井龙采用二足或者四足的方式移动。从外形上来看，福井龙和禽龙、豪勇龙比较相像。据推测，福井龙是一种植食性的恐龙，主要食物是树叶、树枝和果实等。

◯ 命名者：小林快次、东洋一。
◯ 化石分布：日本。

体型：
中等，体长约 4.5 米，重约 400 千克

体长：4.5 米	体重：400 千克	食性：植食

鸭嘴龙

鸭嘴龙是一种生活于白垩纪晚期距今约1亿年的恐龙，它是一类大型的鸟臀类恐龙，在当时的生存数量很多。鸭嘴龙的前上颌骨和前齿骨的延伸和横向扩展，构成了宽阔的鸭嘴状吻端，因此被叫作鸭嘴龙。鸭嘴龙的头骨高，前上颌骨和鼻骨前后伸长，外鼻孔斜长。它的前上颌骨和鼻骨构成明显的嵴突，形成角状突起。前肢短小无力，后腿长而有力。据推测，鸭嘴龙是一种两足行走的植食性恐龙，主要食物是柔软植物、藻类等。

◐ 命名者：约瑟夫·利迪。
◐ 化石分布：北美、北极、中国。

前上颌骨：
前上颌骨和前齿骨的延伸和横向扩展，构成了宽阔的鸭嘴状吻端

头骨：
头骨高，前上颌骨和鼻骨前后伸长，外鼻孔斜长

尾巴：
行走时，向后直挺，以保持身体平衡

四肢：
前肢短小无力，后腿长而有力

体长：10米	体重：4吨	食性：植食

副栉龙

　　副栉龙又名副龙栉龙，是一种生活于白垩纪晚期距今 7600 万至 7300 万年的恐龙，亲近物种是卡戎龙。副栉龙的化石被发现于加拿大阿尔伯塔省、美国新墨西哥州和犹他州。目前已有三个被承认种：沃克氏副栉龙、小号手副栉龙以及短冠饰的短冠副栉龙。副栉龙的头盖骨上有大型、修长的冠饰，冠饰往头后方弯曲。副栉龙皮肤痕迹显示它的皮肤上可能有瘤状鳞片。副栉龙使用它的喙状嘴来切割植物，并送入颚部两旁的颊部。前肢短，肩胛骨短而宽，股骨结实，骨盆粗壮，脊椎上的神经棘高大。据推测，副栉龙是一种二足或者四足行走的植食性恐龙，主要食物是树枝、果实等。

◉ 命名者：帕克。

◉ 化石分布：加拿大阿尔伯塔省，美国新墨西哥州、犹他州。

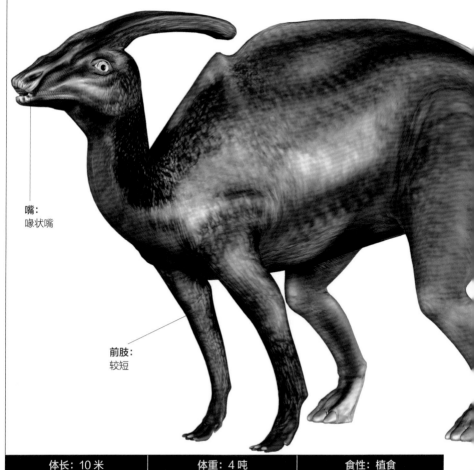

嘴：
喙状嘴

前肢：
较短

| 体长：10 米 | 体重：4 吨 | 食性：植食 |

头顶:
有大型、修长的冠饰,
冠饰往头后方弯曲

股骨:
结实,骨盆粗壮

皮肤:
它的皮肤上可能
有瘤状鳞片

原角龙

原角龙是一种比较有名的恐龙，它的家族比较庞大。原角龙是一种早期的角龙，拥有一些原始角龙的特征，它的头上还没有演化出角，只是在鼻骨上有个小小的突起。原角龙外形与三角龙相似，在它的头部后方并没有角，而是有盾。头盾本身则有两个颅顶孔。头盾的大小与形状因两性异形和年龄变化而不同，有大有小。另外，据标本研究，原角龙是一种群居的草食性动物。它的嘴部有多列牙齿，而且嘴部肌肉比较发达，咬合力强，能够咀嚼坚硬的食物。原角龙是四足恐龙，走路用四只脚，走得比较缓慢。我国内蒙古曾经发现了大量的原角恐龙的骨骼、巢穴、蛋及化石。

◯ **命名者：** 沃特·格兰杰、威廉·格里高斯。

◯ **化石分布：** 中国、蒙古。

四肢：
原角龙依靠四肢走路，行走速度缓慢

体长：2~3米	体重：300千克	食性：草食

颊部：
有大型轭骨

体型：
四肢短小，身躯
肥胖

牙齿：
嘴部有多列牙齿，
适合咀嚼坚硬的
植物

头部：
头部后方有大型头盾，
没有角，盾的形状大
小不一

嘴巴：
大型喙状嘴

鹦鹉嘴龙

鹦鹉嘴龙是小型恐龙，头短宽而高，颧骨发达，往两侧突出。鹦鹉嘴龙依靠两足行走，它的前肢相较于后腿来说比较短小。鹦鹉嘴龙不像其他恐龙有锋利的牙齿，据推测，鹦鹉嘴龙可能是依靠吞食胃石来协助磨碎、消化食物。另外，研究人员还根据鹦鹉嘴龙的化石多被发现于湖泊沉积层、尾巴长有骨质筋腱、尾巴上方的鬃毛状物可能具有鳍的功能等各项证据推断，鹦鹉嘴龙有可能是半水生动物，尾巴的功能就能像鳄鱼的尾巴，前肢拍打、后腿踢水。

嘴巴：
嘴巴酷似鹦鹉的嘴巴

四肢：
前肢比后腿短小

◐ 命名者：亨利·奥斯本。

◐ 化石分布：中国、俄罗斯、泰国。

体长：1~2米	体重：80 千克	食性：植食

狭盘龙

狭盘龙又名细盘龙，是一种生活于白垩纪早期的恐龙，化石分布在今德国等地区。在整个肿头龙类恐龙中，狭盘龙是比较基础的恐龙，体型不大。狭盘龙的标本缺少头颅骨，它的分类是基于臀部特征。狭盘龙的分类过去曾有过争议。研究者最初根据其耻骨与髋臼不连接，以及坚固的尾部肋骨，而将其归类于厚头龙类。后来发现狭盘龙的耻骨与髋臼连接，而尾部肋骨其实是荐骨部位的肋骨。狭盘龙的坐骨弯曲、缺少闭孔，这是其他厚头龙类没有的特征，但其仍被认为属于厚头龙下目。

头部：
较小

坐骨：
弯曲

四肢：
前肢短后腿长，
二足行走

◐ 命名者：冯·迈耶。

◐ 化石分布：德国。

体长：1.5米	体重：未知	食性：植食

弱角龙

弱角龙是一种生活于白垩纪晚期距今约7500万年的恐龙。弱角龙口部没有牙，嘴鼻部有一小角，是依靠喙来剪切树枝、树叶从而完成进食的。弱角龙有着较小的头盾，三角形的头颅骨。弱角龙的化石被发现于蒙古。研究认为弱角龙比原角龙原始。弱角龙的化石有5个完整的头颅骨及20个部分头颅骨，最长的有17厘米，最短的只有4.7厘米。弱角龙是一种四足行走的植食性恐龙。

◎ 命名者：玛利亚斯卡·奥斯莫斯卡。
◎ 化石分布：亚洲、北美洲。

头颅骨：
有头盾，还有呈三角形的头颅骨

口部：
没有牙，依靠喙来剪切树枝、树叶从而完成进食

| 体长：1 米 | 体重：22 千克 | 食性：植食 |

科：刺角龙科　　生存时代：白垩纪晚期

厚鼻龙

厚鼻龙是一种生活于白垩纪晚期的恐龙。目前已鉴定出三种，分别为加拿大厚鼻龙、拉库斯塔厚鼻龙以及在美国阿拉斯加发现的一种。据推测，厚鼻龙是一种体型较大的恐龙，它体长8米，重5吨。厚鼻龙头颅骨的鼻部上有大而平坦的隆起物，眼睛上方也有一对小型隆起物。这些隆起物可能是用来抵御敌人的。另外，其头盾后方有一对角，往上方延伸、生长。

◎ 命名者：查尔斯·斯腾伯格。
◎ 化石分布：北美洲。

头盾：
头盾后方有一对角，往上方延伸、生长，其头盾、头角形状与大小随个体而不同

| 体长：8 米 | 体重：5 吨 | 食性：植食 |

三觭龙

三觭龙是一种生活于白垩纪晚期的恐龙。在白垩纪，三觭龙是相当繁盛的。三觭龙体型大，体长达 9 米。它的头上长着 3 只角，其中两只长矛似的角位于眉端，一只短角突起于眼睛和鼻孔之间，并向前突出。两颚的后缘有齿，嘴呈角质的喙。脑后盾牌般的骨质颈盾，对脊颈有相当的保护作用。遇敌攻击时，它们可能会头向外地围成一圈，形成极佳的防护圈。三觭龙用四肢行走，前肢比后腿短，四肢末端蹄发达。三觭龙可能性情平和，但被激怒后，它也会被迫还击。据推测，三觭龙是植食性恐龙，主要食物是树枝、果实等。

◎ 命名者：奥斯尼尔·马什。

◎ 化石分布：北美洲。

头部：
长着 3 只角，其中两只长矛似的角位于眉端，一只短角长在鼻端，并向前突出

体长：9 米	体重：4~9 吨	食性：植食

脊颈：
脑后盾牌般的骨质颈盾，对脊颈有相当的保护作用

四肢：
用来步行，但前肢比后腿短，四肢末端蹄发达

鼻孔：
鼻孔上有一只短角

嘴巴：
嘴呈角质的喙

河神龙

河神龙，又名阿奇洛龙，是一种生活于白垩纪晚期距今 8300 万至 7400 万年的恐龙。河神龙体型中等，体长约 6 米。河神龙的嘴类似鹦鹉的喙，它最突出的特征是在鼻端及眼睛背后有隆起的部分，在颈的绉边末端有两只角。河神龙的名字参考了希腊神话：阿克洛奥斯是古希腊的河神，他的一只角被英雄海格力斯所割断。河神龙的化石是在美国的蒙大拿州被发现的。据推测，河神龙是四足行走的恐龙，且是一种植食性恐龙，主要食物可能是树叶、果实等。在同一地层发现的恐龙还有斑比盗龙、包头龙等。

◑ 命名者：史考特·山普森。
◑ 化石分布：北美洲。

头部：
长头盾顶端有
两只角

颈：
颈的绉边末端
有两只角

嘴巴：
类似鹦鹉的喙

体长：6 米	体重：未知	食性：植食

尾巴：
较粗壮

鼻端：
鼻端及眼睛背后有
隆起的部分

四肢：
粗壮，支撑身体
和行走

体型：
体型中等，
肌肉发达

爱氏角龙

爱氏角龙又名野牛龙，是一种生活于白垩纪晚期距今约 7500 万年的恐龙，主要分布在今北美洲与亚洲地区。同期的恐龙包括奔山龙、亚冠龙、埃德蒙顿甲龙、斑比盗龙、河神龙等。爱氏角龙是一种体型中等的恐龙，体长约 4 米，体重约 1 吨。它的嘴类似鹦鹉喙，可以剪切树枝以辅助进食。它的鼻角向前弯曲，额角呈低圆形，在较小型的头盾顶端有一对大的尖角伸向背部。据推测，爱氏角龙是群居性的恐龙，生活于温暖半干燥的环境中。

◎ 命名者：彼得·达德森。

◎ 化石分布：北美洲、亚洲。

鼻角：
鼻角向前弯曲

额角：
呈低圆形

头盾：
头盾顶端有一对大的尖角伸向背部

嘴：
嘴类似鹦鹉喙，可以剪切树枝以辅助进食

体长：4 米	体重：1 吨	食性：植食

无鼻角龙

无鼻角龙是一种生活于白垩纪晚期的恐龙，它的名字含义是"无鼻有角的面"，因为最初人们认为它是没有鼻角的，但是后来却发现它是有鼻角的，只是较短而已。无鼻角龙的化石被发现于加拿大。它的体型较大，体长6~8米，头颅骨有着宽阔的颈部头盾，头盾上有两个开口，呈椭圆形。它的额角长度中等，鼻角短小钝重。无鼻角龙的嘴和鹦鹉相似，呈喙状，比较锋利，可以剪切坚硬的树枝辅助进食。据推测，无鼻角龙和三角龙似乎是近亲，主要生活在今北美洲和亚洲地区，在白垩纪晚期灭绝。无鼻角龙是一种植食性的恐龙，主要食物和其他角龙类恐龙相似，是一些针叶、树枝等植物。

头盾：
头盾上有两个开口，呈椭圆形

◎ **命名者：** 帕克斯。

◎ **化石分布：** 加拿大阿尔伯塔省，以及亚洲。

额角：
额角长度中等

嘴巴：
嘴和鹦鹉相似，呈喙状，比较锋利，可以剪切坚硬的树枝辅助进食

体长：6~8米	体重：未知	食性：植食

戟龙

戟龙是一种生活于白垩纪晚期距今7650万至7500万年的恐龙。戟龙的体型比较大，体长5米，体重达3吨。戟龙最突出的特征就是它的头颅比较大，头盾延伸出4或6个长角，两颊各有一个较小的角，从鼻部也延伸出一个角。戟龙的最内侧一对角向外弯曲。头盾边缘有许多小型突起，头盾上有大型洞孔。戟龙嘴里没有牙，是类似鹦鹉的喙状嘴，喙很锐利，可以剪切坚硬的树枝辅助进食。另外，戟龙的肩膀比较健壮，脚趾有被角质包裹的蹄状爪，臀部有荐椎，尾巴特别短小。据推测，戟龙是植食性恐龙，主要食物是低处的植被或者较低处的树枝、针叶等植物。

◎ 命名者：劳伦斯·赖博。

◎ 化石分布：美国、加拿大。

头盾：
边缘有许多小型突起，头盾上有大型洞孔

头颅：
头颅比较大，头盾延伸出4或6个长角

两颊：
各有一个较小的角

鼻部：
从鼻部延伸出一个角

体长：5米。	体重：3吨	食性：植食

肩膀：
肩膀比较健壮

脚趾：
脚趾有被角质包裹的蹄状爪

尾巴：
较粗短

安德萨角龙

安德萨角龙又名峨丹角龙，是一种生活于白垩纪晚期距今 8350 万至 7060 万年的恐龙。安德萨角龙是一种体型中等的恐龙，体长约 4.5 米。它的化石被发现于今蒙古地区，化石包含一块近乎完整的头颅骨，这个头颅骨长 60 厘米，形状比较大，且保存良好。据化石推测，它的头颅骨有着很小的角和头盾。另外，安德萨角龙拥有和其他角龙类恐龙相似的喙状嘴，非常锐利，可以咬食树叶、树枝等辅助进食。它的生活地点推测在今亚洲和北美洲，它在白垩纪晚期灭绝。安德萨角龙是一种植食性恐龙，主要食物是蕨类、苏铁、针叶等植物。

◎ 命名者：库尔扎诺夫。
◎ 化石分布：蒙古。

头部：
有着很小的、不易被察觉的角和头盾

前肢：
较粗壮，前掌有五爪，第二和第三爪较尖

体长：4.5 米	体重：未知	食性：植食

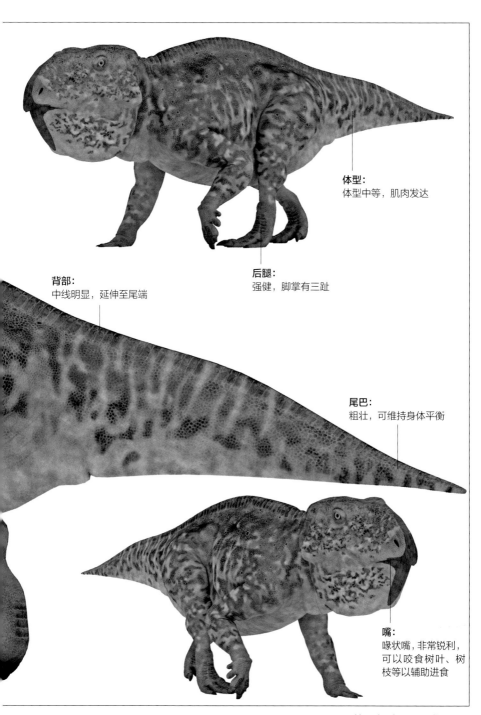

体型：
体型中等，肌肉发达

后腿：
强健，脚掌有三趾

背部：
中线明显，延伸至尾端

尾巴：
粗壮，可维持身体平衡

嘴：
喙状嘴，非常锐利，可以咬食树叶、树枝等以辅助进食

五角龙

五角龙是一种生活于白垩纪晚期距今7500万至7300万年的恐龙。五角龙的体型巨大，体长约8米，体重达5吨多。五角龙名字含义是"五根角的面孔"，由此可以看出它最突出的特征就是它的五根角，除了两根额角与一根鼻角以外，还有眼睛下侧的尖刺。五角龙的化石被发现于美国新墨西哥州的圣胡安盆地，因拥有陆地脊椎动物中最大型的头颅骨而著名，头颅骨上面还有两个洞孔也比较大。据化石推测，它同时期的恐龙有倾头龙、副栉龙、结节头龙等。

◐ 命名者：亨利·费尔费尔德·奥斯本。
◐ 化石分布：北美洲。

颈部：
中空的颈部盾板，褶边十分巨大，边缘上有三角形的骨突

鼻角：
有一根鼻角

眼睛：
眼睛下侧有尖刺

| 体长：8 米 | 体重：5.5 吨 | 食性：植食 |

体型：
整个身体结构结实，
体型较大

额角：
有两根额角

背部：
中线明显，有鳞片

尾巴：
尾巴短，末端很尖

四肢：
健壮，都有掌状
脚趾

纤角龙

　　纤角龙又名隐角龙，是一种生活于白垩纪晚期距今 6680 万至 6550 万年的恐龙。纤角龙是第一种被叙述的小型角龙类，在 1910 年被巴纳姆·布郎在加拿大亚伯达省红鹿河谷发现，并于 4 年后叙述。纤角龙的近亲可能是三角龙。纤角龙体型不大，体长不到 2 米，体重 70~200 千克。纤角龙的头颅骨被发现于加拿大亚伯达省、美国怀俄明州。据推测，纤角龙可能采用二足方式移动，是一种植食性的恐龙。

◎ 命名者：布朗。

◎ 化石分布：加拿大阿伯塔。

头部：
偏大

体型：
体型较小

尾巴：
粗而有力

四肢：
匀称

| 体长：2 米 | 体重：70~200 千克 | 食性：植食 |

科：角龙科　　生存时代：白垩纪晚期

开角龙

　　开角龙，又名加斯莫龙、隙龙、裂头龙、裂角龙，生活于白垩纪晚期。开角龙是一种体型中等的恐龙，体长约 5 米，重约 4 吨。有研究者发现开角龙的皮肤上有着很多骨质的结节。开角龙的头盾大而长，呈心形，头盾结构中央包含两块大洞孔。有些开角龙的头盾上有一些小型的颈盾缘骨突，自头盾边缘延伸出。另外，开角龙是一种植食性恐龙，它的面部和嘴部比较长，这显示它在进食时对食物有一些选择性。

◎ 命名者：劳伦斯·赖博。

◎ 化石分布：北美洲。

头盾：
头盾大而长，颜色鲜艳，呈心形，头盾结构中央包含两块大洞孔

皮肤：
皮肤上有着很多骨质的结节

| 体长：5 米 | 体重：4 吨 | 食性：植食 |

刺角龙

　　刺角龙是一种生活于白垩纪晚期的恐龙。刺角龙的体型较大，体长约 6 米，重约 3 吨。刺角龙的化石被发现于加拿大地区。刺角龙最突出的特征是它的鼻骨上方有一个角，头部比较大。在刺角龙的脖子上方有一个骨质颈盾，边缘有一些小的波状隆起，这个骨质颈盾的色彩可能比较艳丽，这是刺角龙地位的象征，或者是刺角龙用来吸引注意和求偶展示用的。刺角龙的颈部和肩部很强壮，颈椎紧紧锁在一起，能够支持它的头部巨大的压力，保持身体的平衡。据推测，刺角龙和其他角龙类恐龙一样，是一种植食性的恐龙。

◎ 命名者：劳伦斯·赖博。

◎ 化石分布：加拿大阿尔伯塔。

头部：
头部比较大

鼻骨：
鼻骨上方有一个角

颈盾：
脖子上方有一个骨质颈盾，边缘有一些小的波状隆起

体长：6 米	体重：3 吨	食性：植食

祖尼角龙

祖尼角龙是一种生活于白垩纪晚期的恐龙。祖尼角龙比角龙科恐龙出现早一些，可能是角龙科的祖先。它的体型中等，体长约 3 米，重 100 多千克。祖尼角龙的化石被发现于新墨西哥州，目前已经发现一个头颅骨，以及来自数个个体的骨头。最近，其中一个被认为是鳞骨的骨头，可能来自于懒爪龙的坐骨。祖尼角龙是已知最早有额角的角龙类恐龙，也是已知最古老的北美洲角龙类恐龙。据推测，祖尼角龙头后的头盾是多孔的，但缺乏颈盾缘骨突。这些角状物被认为依年龄增长而增大。据推测，祖尼角龙是植食性恐龙，并且可能是一种群居性恐龙。

◑ 命名者：道格拉斯 · G. 沃尔夫。

◑ 化石分布：美国。

头盾：
头后的头盾是多孔的，但缺乏颈盾缘骨突。这些角状物被认为依年龄增长而增大

体长：3 米	体重：100~150 千克	食性：植食

体型：
体型中等，体长约3米，
重100多千克

蜥结龙

蜥结龙又叫楯甲龙、蜥肋螈，生活于早白垩纪的北美洲，是结节龙科中最早出现的，也是最原始的成员。它具有肩部骨板，在肩膀、背部、尾巴上覆盖着角质外层的骨锥，其间还点缀着结瘤。蜥结龙前肢短于后腿，使得背部呈弓状，最高处位于臀部。尾巴逐渐变细没有尾结，而且很长，几乎占了身体长度的一半。蜥结龙的体形较大，不擅于奔跑，不过它身上的轻型装甲、从头颅到尾尖一列锯齿般的背脊，以及整个背部的多排平行骨突为它提供了保护。在遇到外界袭击时，它会立即蜷起身体，使骨甲朝外，像棱背龙一样，形成一个刺球。蜥结龙是一种性情温和的草食性恐龙，进食时，习惯于用喙状嘴去切取低处的植物。

◎ 命名者：巴纳姆·布郎。
◎ 化石分布：美国蒙大拿州、怀俄明州。

头部：
头顶平坦，而非圆顶状

体型：
体型较大，不擅奔跑

| 体长：5米 | 体重：1.5吨 | 食性：草食 |

背部：
从头部到尾尖一
列锯齿般的背脊，
以及整个背部有
多排平行骨突

肩胛骨：
肩胛骨有明显的
肩峰

髋臼：
拥有无孔的髋臼

四肢：
前肢短于后腿，
四肢结实，可支
撑巨大的身体

尾巴：
相当长，逐渐变细，
没有尾结

装甲龙

　　装甲龙是一种生活于白垩纪早期的恐龙，是多刺甲龙的近亲，以罗马帝国的装甲步兵为名。装甲龙的化石被发现于美国南达科他州卡斯特县，化石是部分骨骼。根据化石推测，装甲龙体型中等，体长 3 米，重 1~2 吨，臀部高 1.2 米，身体两侧有尖刺位于荐骨位置。装甲龙的尾巴装甲基部中空。其他小鳞甲大小不同，基部实心。装甲龙的鳞甲作用可能是用来防御外界的。装甲龙是四足恐龙。另外，据推测，装甲龙是一种植食性的恐龙，主要食物是一些低矮植物。

　○ 命名者：查尔斯·惠特尼·吉尔摩。
　○ 化石分布：美国南达科他州。

体型：
体型中等，体长约 3 米，重 1~2 吨

尾巴：
尾巴装甲基部中空

体长：3 米	体重：1~2 吨	食性：植食

雪松甲龙

　　雪松甲龙是一种生活于白垩纪的恐龙。其头颅骨化石在北美洲的下白垩纪地层被发现，这个头颅骨缺少了被认为是甲龙科的祖征的头盖装饰物。它的模式种是圣经雪松甲龙。已发现的两个头颅骨，长度约为 60 厘米，其中一个头颅骨是非自然状态的。这是古生物学家第一次可以研究的甲龙科头骨。雪松甲龙翼骨延长，尾外侧有滑车形的骨突，前上颌骨有 6 颗圆锥状牙齿，拥有笔直的坐骨。雪松甲龙被认为与中国的戈壁龙及蒙古的沙漠龙有着接近亲缘关系，它们都被分类在甲龙科中。但近年有研究指出雪松甲龙是结节龙科的最原始物种，是林木龙的最近亲。

　○ 命名者：苏安比尔贝。
　○ 化石分布：北美洲。

尾巴：
尾外侧有滑车形的骨突

四肢：
短小粗壮

体长：5 米	体重：未知	食性：植食

饰头龙

饰头龙是肿头龙类恐龙的祖先，其生活于白垩纪晚期，主要分布在今蒙古。它和其他肿头龙类恐龙一样，头部都拥有厚的头颅骨。饰头龙的化石由头骨、下颌以及其他一些不完整的碎片组成。体型并不是很大，体长大约 2 米，体重在 40 千克左右。其头骨与平头龙、倾头龙的头骨大小接近。饰头龙的颅顶平坦，上颞孔发展良好，呈现节状凸起，这一点与平头龙有所接近。

◎ 命名者：珀尔等人。

◎ 化石分布：蒙古。

体型：
体型不大，体长约 2 米，体重约 40 千克

头部：
头部都拥有厚的头颅骨

体长：2 米	体重：40 千克	食性：植食

■ 科：肿头龙科　　生存时代：白垩纪晚期

重头龙

重头龙是一种生活于白垩纪晚期距今约 7500 万年的恐龙。重头龙的化石分布在今加拿大阿尔伯塔省地区。与所有的肿头龙科恐龙相似的是，重头龙也拥有较厚的头颅骨，而且它的头颅骨比一般的肿头龙科恐龙的头颅骨还厚一些。重头龙的体型中等，体长大概 3 米，是一种植食性的恐龙，主要食物是树叶和果实等。对于它的分类和命名，某些古生物学家质疑重头龙是否是独立的属，并且已有研究表明它是一个有效的属。

◎ 命名者：彼得·加尔东等人。

◎ 化石分布：加拿大阿尔伯塔省。

头颅骨：
比其他肿头龙科恐龙的头颅骨更厚些

体型：
体型中等

后腿：
比前肢长，且比较健壮，支撑着整个身体

体长：3 米	体重：未知	食性：植食

棘甲龙

棘甲龙是一种生活于白垩纪中期的恐龙。它的化石是在英国被发现的，包括部分脑壳和一些颅下骨。据推测，棘甲龙体型中等，长3~5米，体重不到400千克。它有比较锋利的喙状嘴，头部上方有几个尖刺的角，在它的皮肤上还覆盖着一层鳞片，在颈部、肩膀有尖刺延伸出，沿着脊椎排列，起到保护和防御的作用。棘甲龙是四足行走的恐龙，它的四肢都比较短，但是粗壮有力。棘甲龙是植食性的恐龙，它的主要食物是一些低矮的植物。

◟ 命名者：托马斯·亨利·赫胥黎。

◟ 化石分布：英国。

肩膀：
肩膀有尖刺延伸出，沿着脊椎排列，起到保护和防御的作用

喙状嘴：
比较锋利

体长：3~5米	体重：380千克	食性：植食

美甲龙

美甲龙的化石被发现于蒙古南部的巴鲁恩戈约特组，生存年代为白垩纪晚期。其模式标本包含一个头颅骨、颈椎、背椎、肩带、前肢以及某些装甲。美甲龙是一种强壮的具有重甲的恐龙，大脑袋上面长满骨质突哑，身体两侧长着尖刺，整个背部由成排的甲片突起保护着。它的尾巴末端呈骨棒状，可以左右晃动防范袭击者。头骨具有复杂的鼻管以及骨质的次生颚，这显示它们生存于热而潮湿的环境。据推测，美甲龙是一种植食性恐龙。

◟ 命名者：特蕾莎·玛利亚斯卡。

◟ 化石分布：蒙古南部的巴鲁恩戈约特组。

体型：
体形笨重，头顶和身上具有长尖刺

四肢：
短小而粗壮有力

体长：6.6米	体重：未知	食性：植食

加斯顿龙

　　加斯顿龙是一种生活于白垩纪早期距今约1.25亿年的恐龙。据推测，加斯顿龙体型中等，长4~5米，重1吨。它的身上有大量的尖刺，头部有4个角，角质喙后面有细小的牙齿，颈部有骨质圆环，臀部有骨质碟片保护着。脊椎骨两边的大型尖刺朝上，可防卫。加斯顿龙是四足行走的恐龙，它的前肢比较短，后腿比前肢长一些，比较健壮。尾巴比较长，能够像鞭子一样挥动，两侧有尖刺覆盖着，作为防御的武器。另外，加斯顿龙是一种植食性恐龙，主要吃一些植物。

　◎ 命名者：詹姆士·柯克兰。
　◎ 化石分布：美国犹他州。

喙状嘴：
角质喙后面有
细小的牙齿

身上：
身上有大量的尖刺

体长：4~5米	体重：1吨	食性：植食

厚甲龙

　　厚甲龙是一种生活于白垩纪晚期的恐龙。它的化石被发现于欧洲，包括一些头骨、颅骨、甲片和一些碎片。目前古生物学家只承认三个种：奥地利厚甲龙、特兰西瓦尼亚厚甲龙、朗格多克厚甲龙。根据化石推测，厚甲龙的体型并不大，长2~4米。厚甲龙最突出的特征是它身上的护甲，颈椎四周有坚硬的护甲片，小骨质脊突覆盖着背部和尾部，身体两侧有尖刺保护着。厚甲龙是四足行走的恐龙，它的前肢比较短，后腿比前肢长一些。厚甲龙是植食性的恐龙，它的主要食物是一些低矮的树枝、树叶等植物。

　◎ 命名者：不详。
　◎ 化石分布：奥地利、法国、匈牙利。

背部：
骨质脊突覆盖着背部

四肢：
前肢比较短，后腿
比前肢长一些

体长：2~4米	体重：不详	食性：植食

新头龙

新头龙是一种生活于白垩纪晚期的恐龙。新头龙体型中等，体长约 6 米，重约 2 吨，它的外形比较像坦克。眼睛周围有骨质眼皮保护眼睛，鼻腔很大，颈部有骨质碟片包裹着，背上长满了尖刺，有的地方有明显的凸起。三角形的尖角保护着新头龙的肩膀、尾巴等部位。臀部很健壮，是四足行走的恐龙，它的四肢短而粗壮。尾巴末端有一个呈球状的硬质物，据推测，这个球状物是新头龙在遇到外界袭击的时候用来挥动反击的。另外，新头龙是植食性的恐龙，主要食物是一些植物。

◎ 命名者：劳伦斯·赖博。

◎ 化石分布：美国。

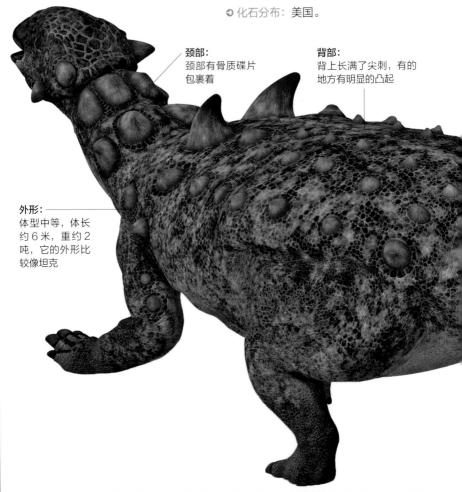

颈部：
颈部有骨质碟片包裹着

背部：
背上长满了尖刺，有的地方有明显的凸起

外形：
体型中等，体长约 6 米，重约 2 吨，它的外形比较像坦克

体长：6 米	体重：2 吨	食性：植食

眼睛：
眼睛周围有骨质
眼皮保护眼睛

臀部：
臀部很健壮

尾巴：
尾巴末端有一个
呈球状的硬质物

甲龙

　　甲龙是一种生活于白垩纪晚期距今7400万至6700万年的恐龙。它是一种比较有名的恐龙，化石分布在南美洲的玻利维亚、美国的蒙大拿州和墨西哥等地区。甲龙的皮肤厚实，上面覆盖着一排排的尖刺和骨质鳞片。在甲龙的脸部旁有几个尖刺，可能是用来防御和搏斗的。甲龙有角质喙，喙里没有牙齿。它是四足行走的恐龙，前肢比后腿短一些，但是四肢都很粗壮。另外，甲龙的尾巴由骨质肌腱支撑着，向后直挺，末端有一个球状的骨质尾锤，当尾锤甩动的时候，可以给敌人很大的打击。甲龙是一种大型的植食性恐龙，每天需要吃很多食物来支撑所需。

◐ 命名者：巴努姆·布朗。

◐ 化石分布：玻利维亚、美国蒙大拿州、墨西哥。

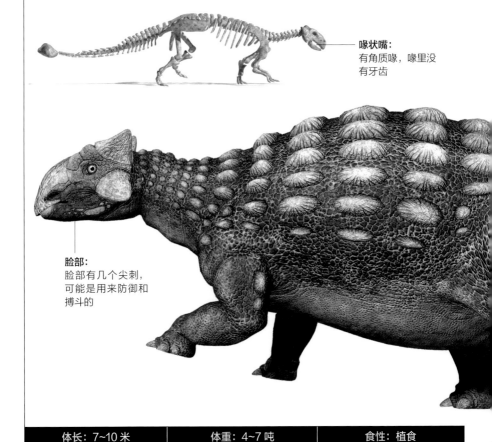

喙状嘴：
有角质喙，喙里没有牙齿

脸部：
脸部有几个尖刺，可能是用来防御和搏斗的

体长：7~10米	体重：4~7吨	食性：植食

皮肤：
皮肤厚实，上面覆盖着一排排的尖刺和骨质鳞片

体型：
体型大

尾巴：
尾巴由骨质肌腱支撑着，向后直挺，末端有一个球状的骨质尾锤

剑龙

剑龙是一种生活于侏罗纪晚期距今1.55亿至1.45亿年的恐龙。剑龙是一种著名的恐龙，也是侏罗纪时期数量众多的恐龙。剑龙最突出的特征是它背脊上分布的大型骨质板片以及它尾巴的钉状脊，可能是用来防御掠食者攻击的。头颅非常小，脑部也特别小，这显示剑龙可能并不聪明。剑龙长着尖喙，喙里没有牙齿，但嘴里的两侧有些小牙，呈三角形，这些牙齿的研磨作用不大。此外，牙齿在下颌的排列方式，显示出剑龙拥有突出的脸颊。剑龙的臀部位高而肩部低平。前肢短，后腿较长，四肢皆由位于脚趾后方的脚掌支撑。后脚比前脚更长也更强壮。据推测，剑龙是四足行走的植食性恐龙，主要食物是较低的树叶、果实等。

◐ 命名者：奥斯尼尔·查尔斯·马什。

◐ 化石分布：亚洲、欧洲、北美、东非。

头部：
头颅非常小，脑部也特别小，这显示剑龙可能并不聪明

体长：4.5 米	体重：2~4 吨	食性：植食

臀部：
臀部位高而
肩部低平

四肢：
前肢短，后腿较长，四肢皆由
位于脚趾后方的脚掌支撑，后
脚比前脚更长也更强壮

喙状嘴：
长着尖喙，喙里没有
牙齿，但嘴里的两侧
有些小牙，呈三角形，
这些牙齿的研磨作用
不大

嘉陵龙

嘉陵龙是一种生活于侏罗纪中期距今约 1.6 亿年的恐龙，它是最早的剑龙科恐龙之一。"嘉陵"一名出自陕西省西凤县的嘉陵谷。嘉陵龙的体型中等，体长约 4 米，体重 150 千克，并不笨重，与其他剑龙科恐龙相比，它的体型算是比较小的。嘉陵龙的化石是 1957 年在衢县被发现的，化石并不完整，包含部分头颅骨。有研究者认为嘉陵龙是剑龙的早期祖先，这一说法未得到证实。

据推测，嘉陵龙是一种植食性的恐龙，主要食物是树叶、果实等。

◐ 命名者：杨钟健。

◐ 化石分布：中国四川省。

背部：
背上有突起物

体型：
体型中等，并不笨重

尾巴：
尾巴很长且附着有规则的叉状物

体长：4 米	体重：150 千克	食性：植食

棱背龙

棱背龙是一种生活于侏罗纪早期的恐龙。棱背龙头部较小，皮肤上覆盖着一排排骨质突起，在这些骨质突起之间又有许多圆形的小鳞片。棱背龙嘴部最前端是窄喙，进食时用窄喙剪下低处食物，颚部上下运动咀嚼食物。身体最高点在臀部，前肢的手部和后腿的脚部一样宽，最重要的特征是沿着颈部、背部长至尾巴的数排脊状骨板与骨质结瘤。背部的鳞片坚硬，可用来抵御。棱背龙偶尔会直立身体、后腿着地去吃枝叶，但平常似乎是以四脚行走的。据推测，棱背龙是一种植食性恐龙，主要食物是嫩叶和果实等。

◐ 命名者：不详。

◐ 化石分布：美国亚利桑那州、中国西藏。

背部：
背部的鳞片坚硬，可用来抵御

身上：
沿着颈部、背部长至尾巴有数排脊状骨板与骨质结瘤

臀部：
身体最高点在臀部

体长：3~4 米	体重：800 千克	食性：植食

华阳龙

华阳龙是一种生活于侏罗纪中期的原始类剑龙。华阳龙体型中等，身长近 4 米，体重 900~1000 千克。其最突出的特征是从脖子、背部到尾巴中部排列着左右对称的两排心形的剑板，和在肩膀上、腰部以及尾巴尖上长出的长刺。据推测，当华阳龙遇到外界攻击时，会用它的长刺攻击敌人，并用尾巴上的刺抽打敌人，这些是华阳龙抵御外界攻击的武器。

◐ 命名者：不详。

◐ 化石分布：中国四川省。

身体：
从脖子、背部到尾巴中部排列着心形的剑板

尾巴：
尾巴上有长刺

体长：4 米	体重：900~1000 千克	食性：植食

乌尔禾龙

乌尔禾龙目前有两种：平坦乌尔禾龙和额多乌尔禾龙。化石材料被发现于中国新疆，包括背椎、尾椎、颈椎、四件肋骨、一件不完整的前肢、髋骨以及两件骨板。乌尔禾龙体型较大，身长约 6 米，背部骨板较圆，似乎沿着背部长着一系列三角形的甲片，在尾部还长着锋利的尖刺，这些尖刺的作用据推测是用来防卫敌人攻击的。另外，乌尔禾龙是植食性恐龙，它的主要食物是低层植被，为了适应进食，它的身体比其他剑龙科恐龙低矮。

◐ 命名者：董枝明。

◐ 化石分布：中国新疆。

背部：
背部骨板较圆，似乎沿着背部长着一系列三角形的甲片

体型：
较大，四肢健壮

尾部：
长着锋利的尖刺

体长：6 米	体重：3 吨	食性：植食

钉状龙

　　钉状龙是一种生活于侏罗纪晚期的恐龙。钉状龙体型不大，体长5米左右，重1.5吨。钉状龙最突出的特征是它的肩膀、臀部、后背乃至尾巴都分布着尖刺，前部的刺较宽，中部向后的窄而尖。嘴部有小型颊齿，齿冠不对称。前肢较短，后腿长而粗壮，脚部有蹄状趾爪，股骨的长度与腿的其他部分相比，显示它们是种行走缓慢的恐龙。据推测，钉状龙是一种植食性恐龙，主要食物可能是蕨类与低矮植物。因为它的后腿的长度为前肢的两倍，所以钉状龙可能是用后腿直立起来以食树叶、树枝的，正常情况下钉状龙是完全四足状态。

○ 命名者：艾德温·赫宁。

○ 化石分布：东非坦桑尼亚。

身体：
它的肩膀、臀部、后背乃至尾巴都分布着尖刺

嘴部：
嘴部有小型颊齿，齿冠不对称

体长：5米	体重：1.5吨	食性：植食

后腿：
后腿长而粗壮，
脚部有蹄状趾爪

尾巴：
可左右挥动它们
有尖刺的尾巴来
避免被攻击

前肢：
前肢较短

肿头龙

肿头龙是一种生活在白垩纪晚期的恐龙，它最主要的特点是头顶上的骨骼异常肿厚。肿头龙头部周围和鼻子尖上都布满了骨质小瘤，有的头部后方有一些锐利的刺。肿头龙的牙齿小而锐利，这决定了它没有办法吃大型动物。肿头龙是一种杂食性恐龙，它可能既会吃一些小型的动物，又会吃一些树叶、果实等食物。肿头龙的

头颅被 20 多厘米厚的骨板覆盖。在肿头龙的颅骨后面有一个突出的骨质棚，厚度约 25 厘米。肿头龙的颈部比较短，但是却比较厚实。肿头龙的前肢短，后腿比较长，相对于其他大型恐龙而言，肿头龙的身躯并不太大。它的尾巴由肌腱固定，十分沉重。

○ 命名者：艾里克·施莱克、巴纳姆·布朗。
○ 化石分布：加拿大，以及美国蒙大拿州、南达科他州、怀俄明州。

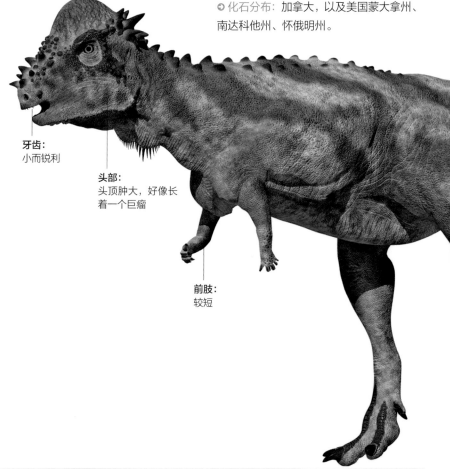

牙齿：
小而锐利

头部：
头顶肿大，好像长着一个巨瘤

前肢：
较短

| 体长：4.5~5 米 | 体重：1.5~2 吨 | 食性：杂食 |

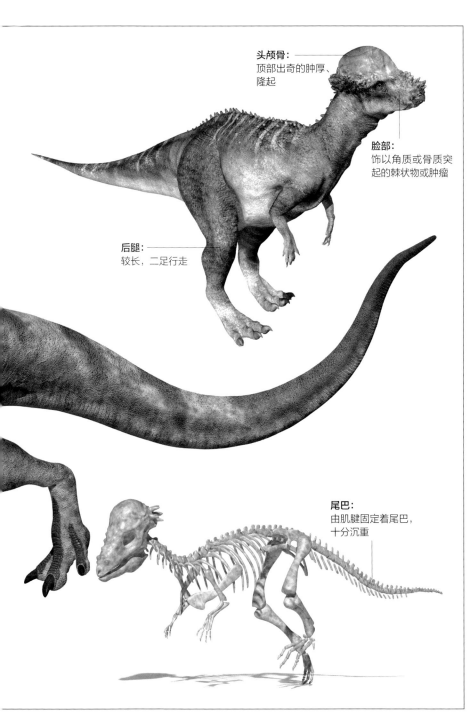

头颅骨：
顶部出奇的肿厚、隆起

脸部：
饰以角质或骨质突起的棘状物或肿瘤

后腿：
较长，二足行走

尾巴：
由肌腱固定着尾巴，十分沉重

倾头龙

　　倾头龙是一种生活于白垩纪晚期的恐龙。1974 年在蒙古发现了倾头龙的化石，目前已发现头颅骨以及少数其他小骨头。倾头龙拥有粗短的颈部，前肢较短，后腿较长。尾部具有骨化肌腱，肌腱可以使它的尾巴保持坚挺，倾头龙依靠尾巴保持身体的平衡。科学家根据倾头龙的前上颌骨牙齿与嘴口的宽度，推测其在进食上是比较有选择性的。大部分古生物学家认为倾头龙是植食性恐龙，主要食物是树叶、果实等，但也有人认为它是杂食性恐龙，食物除了树叶、果实之外，还会吃昆虫。

◐ 命名者：不详。

◐ 化石分布：蒙古。

头颅骨：
圆而倾斜，
上颞孔闭合

尾巴：
尾部具有骨
化肌腱

后腿：
后腿比较长

体长：2.4 米	体重：未知	食性：植食

丽头龙

　　丽头龙生活于白垩纪晚期，主要分布在加拿大阿尔伯塔省南部和美国蒙大拿地区，是一种出现很晚的恐龙。它的个子不大，依靠两足行走。头部长有一块又厚又圆的头盖骨，而且头顶像有装饰物似的，比较华丽。丽头龙的头骨在它刚出生的时候并不是很厚，而是随着身体的逐渐长大而变厚。在丽头龙的世界里，它厚厚的头盖骨可能是一种对付敌人的有力武器。在美国南达科他州发现龙王龙之前，丽头龙是北美洲唯一已知的肿头龙亚目。

◐ 命名者：高尔顿、休斯。

◐ 化石分布：美国蒙大拿州、加拿大。

头顶：
像有装饰物一样，
比较华丽

体型：
个子不大，依靠
两足行走

体长：3 米	体重：未知	食性：植食

剑角龙

剑角龙虽然名字里含有"角龙"两字，但是却并不属于角龙，而是属于肿头龙类。它的个子不大，依靠两足行走。它的头部长有一块又厚又圆的头盖骨，头盖骨由许多小骨块组成，盖住了它的眼睛和后脖颈，这块头骨在剑角龙刚出生的时候并不是很厚，随着剑角龙身体的逐渐长大而变厚。据专家发现，雄性剑角龙的头盖骨要比雌性剑角龙的头盖骨厚一些，大约有 6 厘米那么厚。在剑角龙的世界里，它厚厚的头盖骨是对付敌人的有力武器。它的撞击力很强，甚至会让一些动物骨折。

◑ 命名者：劳伦斯·M. 兰比。

◑ 化石分布：北美洲。

头部：
由许多小骨块组成又厚又圆的头盖骨，呈半圆形，盖住了眼睛和后脖颈

颈部：
较为粗壮

尾巴：
较长，可平衡身体

前肢：
比后腿短小

后腿：
较长，且壮实，二足行走

| 体长：2.5 米 | 体重：50 千克 | 食性：植食 |

科：肿头龙科
生存时代：白垩纪晚期

胀头龙

　　胀头龙是肿头龙类最早的代表之一，在肿头龙家族中属于小型种类。胀头龙的标本只有一块残破的头骨，头骨大约 13 厘米高，其中顶部有 10 厘米。这么厚的头骨具有强大的冲击力，胀头龙据此来抵御敌人的攻击，保护自身不受到外界的伤害。另外，科学家推测雄性胀头龙用头部撞击来宣示它的较高社会地位。胀头龙生活在白垩纪晚期约 8000 万年前的蒙古高原上，当时已是恐龙的"黄昏期"，胀头龙却作为一种新的恐龙存活着。

　◑ 命名者：不详。
　◑ 化石分布：蒙古。

体型：
体型较小，体长 2 米左右，体重不到 50 千克

四肢：
前肢短小，后腿粗壮

体长：2 米	体重：不到 50 千克	食性：植食

科：肿头龙科　　生存时代：白垩纪晚期

平头龙

　　平头龙最突出的特点就是它那宽而厚的头骨。当然，它又宽又厚的头骨具有很大的作用，在平头龙的世界里，当两只雄性平头龙争夺食物或利益时，就会使用这个"撒手锏"，利用头部相撞，来决定出胜负。另外，平头龙的颅骨顶部厚实，非常粗糙。与其他恐龙不同的是，平头龙具有很宽的骨盆，针对这一点，科学家们猜测，平头龙可能会产仔，而不是像其他恐龙一样是生蛋的。

　◑ 命名者：不详。
　◑ 化石分布：蒙古。

头部：
头骨宽而且厚

骨盆：
骨盆很宽

体长：3 米	体重：未知	食性：植食

科：肿头龙科
生存时代：白垩纪

膨头龙

　　膨头龙生活于上白垩纪，据推测，其体型并不是很大，身长约 1.4 米。在已知的资料中，膨头龙的头拱属于肿头龙科中头拱最高的，因此对于恐龙考古学家有着重要的考古作用。膨头龙主要依靠吃树叶、果实等食物生存，是一种植食性的恐龙。膨头龙的化石被发现于蒙古地区。

　◯ 命名者：玛利亚斯卡、奥斯莫斯卡。
　◯ 化石分布：蒙古。

尾巴：
细长

头部：
膨胀的头，头拱属于肿头龙科中头拱最高的

体型：
体型不大，体长约 1.4 米

体长：1.4 米	体重：未知	食性：植食

科：肿头龙科　　生存时代：白垩纪晚期

皖南龙

　　皖南龙是一种生活于白垩纪晚期的恐龙。皖南龙体型较小，具有一个很大的眼前眶开孔及完整的扁平头顶，前顶骨部分很厚，在头顶骨外表饰以小而密的骨质棘刺。1967 年中国科学院古脊椎动物研究所在安徽南部西山盆地挖掘到它的标本，总计发掘到部分的头骨、完整的颌骨、部分头骨后部残骸。在 1977 年经过研究被命名为岩寺皖南龙。现在大部分恐龙专家认为皖南龙是成群生活的，整个族群的首领是少数雄性。为了争取首领地位以及争宠雌龙，必须彼此争斗。

　◯ 命名者：中国科学院古脊椎动物研究所。
　◯ 化石分布：中国安徽南部。

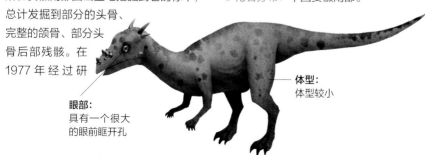

体型：
体型较小

眼部：
具有一个很大的眼前眶开孔

体长：2 米	体重：未知	食性：植食

附录　其他恐龙

本书在此部分增补了近100种前文没有描述的恐龙，并对每个恐龙的生存时期和化石命名等进行了简单的介绍。条目按照恐龙学名的首字母顺序排列。

A

阿基里斯龙 Achillobator

一种生活于白垩纪晚期的角龙，介于野牛龙和肿鼻龙之间。化石被发现于美国。

阿里瓦龙 Aliwalia

一种生活于侏罗纪晚期的兽脚亚目恐龙。它的化石分布在南非，只找到一根股骨化石。

矮异特龙 Dwarf allosaur

一种生活于白垩纪早期的异特龙科恐龙，化石分布在澳洲。是一种中型两足肉食性动物，比异特龙小。

艾德玛龙 Edmarka

一种生活于侏罗纪晚期的兽脚亚目恐龙，也许和蛮龙是同一个类型。它的化石只找到了几根骨头化石，主要分布在美国。

奥卡龙 Aucasaurus

一种生活于白垩纪晚期的恐龙，化石被发现于阿根廷，地质年代为上白垩纪的桑托阶。命名者罗多尔夫·科里亚等人。是一种肉食性恐龙。

奥氏鹰龙 A. Olseni

一种生活于白垩纪晚期的大型兽脚亚目恐龙，主要分布在中国和蒙古。

奥卡龙

B

巴哈利亚龙 Bahariasaurus

一种生活于白垩纪的恐龙，化石被发现于北非埃及的拜哈里耶组与卡玛卡玛地层，地质年代为白垩纪中期的森诺曼阶，约9500万年前。模式种为硕大巴哈利亚龙，是由恩斯特·斯特莫在1934年描述、命名的。是一种肉食性恐龙。

巴塔哥尼亚龙 Patagosaurus

一种生活于侏罗纪中期的鲸龙科恐龙，化石被发现于阿根廷，命名者何塞·波拿巴。是一种大型的草食性恐龙。

拜伦龙 Byronosaurus

一种生活于白垩纪晚期的兽脚亚目恐龙，类似伤齿龙。化石分布于蒙古。它是兽脚亚目中第一种没有锯齿状牙齿的恐龙。

奔山龙 Orodromeus

一种生活于白垩纪晚期的恐龙，是一种植食性恐龙，化石分布在美国蒙大拿州地区。

比霍尔龙 Bihariosaurus

一种生活于白垩纪的禽龙类恐龙，是由马里内斯库在1989年所发现、描述并命名的。化石分布于罗马尼亚，是一种植食性恐龙。

扁臀龙 Planicoxa

一种生存在白垩纪晚期的禽龙科恐龙，化石分布在美国犹他州，是在2001年由肯尼思·卡朋特等人描述、命名的，是一种植食性恐龙。

布万龙 Phuwiangosaurus

一种生活于白垩纪早期的恐龙，化石被发现于泰国布万地区。模式种是诗林浦布万龙。布万龙牙齿细长，身长25~30米，属于巨龙类。命名者埃瑞克·比弗托等人。是一种大型的草食性恐龙。

C

侧空龙 Pleurocoelus

一种生活于白垩纪早期的蜥脚下目恐龙。它的化石被发现于北美洲，现存稀少，只有数个关节脱落的身体骨骼。是一种大型的草食性恐龙。

超龙 Supersaurus

一种生活于侏罗纪晚期的恐龙，化石是在1972年被发现于美国科罗拉多州的莫里逊组岩层的盆地段。化石并不完整，只有肩胛骨、骨盆、肋骨。体型巨大。命名者詹姆斯·詹森。

崇高龙 Angaturama

一种生活于白垩纪早期的棘龙科恐龙。模式种为利玛氏崇高龙，模式标本是于巴西东北部的桑塔纳组中的石灰岩被发现，只有一个不完整的头颅骨前段。研究人员根据这个头颅骨重建出其余60%的部分，可以看出，它的口鼻部相当狭窄，前上颌骨前端有矢状冠饰。命名者亚历山大·克尔纳·坎普斯。是一种肉食性恐龙。

D

大尾龙 Macrurosaurus

一种生活于白垩纪早期的恐龙，化石被发现于英格兰剑桥地区附近。它的脊椎前凹，身长估计13米。命名者哈利·丝莱。是一种草食性恐龙。

大盗龙

大盗龙 Megaraptor

一种生活于白垩纪时期的兽脚亚目恐龙。它的化石被发现于阿根廷。它的骨骼化石很不完整，包括一根镰刀状的利爪、跖骨、尺骨和一根指骨。

E

恶灵龙 Adasaurus

一种生活于白垩纪晚期的驰龙科恐龙，恶灵龙的两个标本都是从蒙古巴彦洪戈尔省的耐梅盖特组中发现的，现在存放于乌兰巴托的蒙古地质学院内。命名者瑞钦·巴思钵。是一种肉食性恐龙。

恩巴龙 Embasaurus

一种生活于白垩纪早期的暴龙科恐龙，化石被发现于中亚哈萨克，只有两个破碎的脊椎骨。命名者阿纳托利·亚宾宁。是一种肉食性恐龙。

F

风神龙 Aeolosaurus

一种生活于白垩纪晚期的风神龙科恐龙。正模化石标本被发现于阿根廷。它的

化石不完整，包含七节的尾椎以及部分前脚及右后脚。命名者詹姆斯·鲍威尔。它是四足的草食性恐龙，有着长颈及长尾巴。

福井盗龙 Fukuirapto

一种生活于白垩纪早期的恐龙，化石被发现于日本的白垩纪晚期巴列姆阶地层。模式种为北谷福井盗龙，属名意为"福井县的盗贼"。是一种肉食性恐龙。

釜庆龙 Pukyongosaurus

一种生活于白垩纪早期的恐龙。它的化石是在韩国南部的庆善盆地被发现的，只有一系列颈椎及背椎。模式种是千禧釜庆龙。命名者董枝明、白仁成、金贤珠。是一种草食性的恐龙。

G

冈瓦纳巨龙 Gondwanatitan

一种生活于白垩纪晚期的风神龙科恐龙。化石被发现于巴西。模式种是弗氏冈瓦纳巨龙。从化石可以看出，它的中段尾椎的椎体延长，脊椎侧孔的外形接近浅凹处，中段尾椎的神经棘向前倾斜。是一种草食性的恐龙。

高桥龙 Hypselosaurus

一种生活于白垩纪晚期的恐龙。化石分布在法国、西班牙、罗马尼亚。高桥龙的脚非常粗厚。它的蛋直径有 30 厘米，大约 2 厘米厚。命名者菲利普·马特隆。是一种草食性恐龙。

戈壁巨龙 Gobititan

一种生活于白垩纪早期的恐龙，相当原始。它的化石是在中国甘肃省肃北县马鬃山地区被发现的，只有部分身体骨骼，包括脊椎及一根部分四肢骨头。模式种是神州戈壁巨龙，是于 2003 年由尤海鲁等人描述命名的。是一种草食性恐龙。

广野龙 Hironosaurus

一种鸭嘴龙科恐龙，生活于白垩纪晚期，其化石被发现于日本，是一种植食性恐龙。

H

簧龙 Calamosaurus

一种生活于白垩纪早期的恐龙，化石被发现于英国怀特岛郡的威塞克斯组。簧龙是种基础虚骨龙类恐龙，命名者理查德·莱德克。可能是小型、敏捷的双足肉食性恐龙。

J

肌肉龙 Iiokelesia

一种生活于白垩纪晚期的原始阿贝力龙科恐龙，化石是在 1991 年被发现于阿根廷内乌肯省的内乌肯组利迈河组。化石不算完整，包含头颅骨、脊柱及周边骨骼的碎片。命名者罗多尔夫·科里亚等。

畸形龙 Pelorosaurus

一种生活于白垩纪早期的腕龙科恐龙，它们的化石被发现于英国与葡萄牙，化石包括一个肱骨、脊椎、一个荐骨、骨盆、四肢碎片以及皮肤痕迹。命名者吉迪恩·曼特尔。是一种大型的草食性恐龙。

吉兰泰龙 Chilantaisaurus

一种生活于早白垩纪晚期的恐龙。化石被发现于中国新疆，它的化石包括不完整的头骨与尾椎及肢骨。它具有粗壮而颀长的肱骨，类似于异特龙类的肱骨，但长

高桥龙

度有两倍之多，是一种肉食性恐龙。

极鳄龙 Aristosuchus

一种生活于白垩纪早期的美颌龙科恐龙，化石被发现于英格兰怀特岛，它的正模标本只有荐骨、耻骨、股骨及几块脊椎。它们有着很多鸟类的特征。命名者哈利·丝莱。是一种肉食性的恐龙。

计氏龙 Gilmoreosaurus

生活于白垩纪的鸭嘴龙科植食性恐龙，其化石被发现于亚洲。它的学名是为纪念美国古生物学家查尔斯·怀特尼·吉尔摩尔而定的。

健颈龙 Megacervixosaurus

一种生活于白垩纪晚期的梁龙科恐龙，化石被发现于中国西藏地区。模式种是西藏健颈龙。命名者赵喜进。是一种四足的草食性恐龙。

金刚口龙 Chingkankousaurus

一种生活于白垩纪晚期的暴龙科恐龙。化石被发现于中国山东省的王氏群，只有一些骨骼碎片，目前只有一个种为破碎金刚口龙。命名者杨钟健。

K

康纳龙 Kangnasaurus

一种生活于白垩纪早期的橡树龙科恐龙，化石被发现于南非开普省奥兰治河流域。只有一颗牙齿，可能还有一些身体部分的骨头。模式种是库氏康纳龙。是于1915年被席尼·贺顿描述、命名的，可能是一种杂食性恐龙。

可汗龙 Khaan

一种生活于白垩纪晚期的偷蛋龙科恐龙，化石被发现于蒙古的德加多克塔组。它的模式种是麦可氏可汗龙，正模标本接近完整。可能是有羽毛的恐龙。命名者克拉克等人。是一种肉食性的恐龙。

克拉玛依龙 Kelmayisaurus

一种生活于白垩纪早期或者中期的鲨齿龙科恐龙。化石被发现于中国新疆克拉玛依，正模标本化石包含一个完整左齿骨、部分左上颌骨。目前只有一个已确认的模式种，石油克拉玛依龙。命名者董枝明。是一种肉食性恐龙。

孔牙龙 Priconodon

一种生活于白垩纪的结节龙科恐龙，化石被发现于美国马里兰州乔治王子县的阿伦德尔地层，年代为下白垩纪的阿普第阶至阿尔布阶。在1888年，奥塞内尔·查利斯·马什将编号 USNM2135 的标本命名为孔牙龙。是一种植食性的恐龙。

L

雷尤守龙 Rayososaurus

一种生活于白垩纪早期的雷巴齐斯龙科恐龙。化石被发现于阿根廷巴塔哥尼亚，化石很不完整，只有肩胛骨、股骨以及部分腓骨。命名者约瑟·波拿巴。是一种草食性恐龙。

联鸟龙 Ornithodesmus

一种生活于白垩纪早期的联鸟龙科恐龙，模式种是由哈利·丝莱于1887年描述、命名的。联鸟龙的化石是一根像鸟类的荐骨。

陋龙 Ugrosaurus

一种生活于白垩纪晚期的角龙科恐龙，它的化石被发现于美国蒙大拿州的海尔河组，包括了前上颌骨、鼻角及一些独立的化石碎片。陋龙是一种植食性恐龙。

洛卡龙 Rocasaurus

一种生活于白垩纪晚期的萨尔塔龙科恐龙。化石在 2000 年被发现于阿根廷。模式种是穆氏洛卡龙。洛卡龙可以生长至 8 米长。命名者利安纳度·萨尔加多。是一种草食性恐龙。

M

马拉维龙 Malawisaurus

一种生活于白垩纪早期的恐龙，是最早的泰坦巨龙类之一。化石被发现在马拉维地区。模式种是马拉维龙。身长估计约 16 米，它们可能身披鳞甲。命名者雅各布斯。是一种比较大型的草食性恐龙。

马扎尔龙 Magyarosaurus

一种生活于白垩纪晚期的恐龙，模式种是达契亚马扎尔龙。化石被发现于罗马尼亚西部胡内多阿拉县，只有颅后部位与腓骨。命名者休尼。是一种草食性的恐龙。

马鬃龙 Equijubus

一种生活于白垩纪时期的恐龙，化石是在中国西北被发现的，模式标本是在中国甘肃省的马鬃山被发现。可能是原始的鸭嘴龙类，是一种植食性的恐龙。

美丽龙 Klamelisaurus

一种生活于侏罗纪晚期马门溪龙科恐龙，化石被发现于中国新疆的石树沟组。模式种是戈壁克拉美丽龙。命名者赵喜进。是一种草食性恐龙。

美扭椎龙 Eustreptospondylus

一种生活在侏罗纪时期的兽脚亚目恐龙，是比较原始的恐龙。它的化石分布在英国。它的体型很大，臀部结构比较原始。

蒙古龙 Mongolosaurus

一种生活于白垩纪早期的纳摩盖吐龙科恐龙。化石在 1928 年被发现于中国内蒙古，模式种为坦齿蒙古龙。正模标本只有一颗牙齿。命名者查尔斯·惠特尼·吉尔摩。是一种草食性的恐龙。

敏捷龙 Phaedrolosaurus

一种生活于三叠纪晚期腔骨龙科恐龙。化石被发现于德国，化石是部分的下颌与牙齿、部分脊椎、一些手臂与后腿骨头、肠骨的碎片，是一种肉食性恐龙。

N

纳摩盖吐龙 Nemegtosaurus

一种生活于白垩纪晚期的恐龙，模式种是蒙古纳摩盖吐龙。目前只有一个头颅骨被发现。命名者诺文斯基，化石分布在中国、蒙古。是一种草食性恐龙。

南雄龙 Nanshiungosaurus

一种生活于白垩纪晚期的恐龙，有两个模式种，短棘南雄龙和步氏南雄龙。短棘南雄龙被发现于中国广东省，化石并不完整，包括了 11 个颈椎，10 个背椎，5 个荐椎，第一个尾椎，并且伴随着一个完整的髋骨腰带。步氏南雄龙被发现于中国甘肃省的新民堡群，目前已发现 11 个颈椎、5 个背椎。命名者董枝明。

拟鸟龙 Avimimus

一种生活于白垩纪晚期的兽脚亚目恐龙，类似于偷蛋龙，是已知的最像鸟类的恐龙。可能有着长满羽毛的翅膀。主要分布在中国和蒙古。

O

欧爪牙龙 Euronychodon

一种生活于白垩纪晚期的伤齿龙科恐龙。它有两个可能属，葡萄牙欧爪牙龙和亚洲欧爪牙龙，化石分别被发现于葡萄牙和亚洲的乌兹别克，都只有一些牙齿。从化石推断，欧爪牙龙是种小型恐龙，它的体长估计达 2 米，可能是肉食性恐龙。

Q

七镇鸟龙 Heptasteornis

一种生活于白垩纪晚期的恐龙。模式种是安德鲁七镇鸟龙。化石被发现于罗马尼亚特兰西瓦尼亚哈提格盆地，年代为晚马斯特里赫特阶。化石只有两个断裂的胫跗骨末端，且它的化石都是碎片。命名者科林·哈里森、西尔·沃克。是一种肉食性的恐龙。

齐碎龙 Clasmodosaurus

一种生活于白垩纪晚期的恐龙。它的化石只有一些牙齿，所以被认为是疑名。模式种是在 1898 年由阿根廷古动物学家佛罗伦天奴·阿米希诺所描述、命名的，是一种草食性的恐龙。

干叶龙 Futabasaurus

一种生活于白垩纪晚期的，是兽脚亚目恐龙的一属。化石被发现于日本福岛县的双叶群的足沢层，地质年代为科尼亚克阶，仅有一个部分胫骨。命名者大卫·兰伯特。是一种肉食性的恐龙。

切齿龙 Incisivosaurus

一种生活于白垩纪早期的偷蛋龙科恐龙，化石被发现于中国辽宁省北票市四合屯，属于义县组的最下层，有 1.28 亿年历史，包括一个头颅骨和部分颈椎，头颅骨长约 100 毫米。徐星、程延年、汪筱林在 2002 年将这个头颅骨描述、命名。是一种肉食性恐龙。

钦迪龙 Chindesaurus

一种生活于三叠纪晚期的兽脚亚目恐龙，也是人类最早认识的恐龙之一。据推测它的体态比较轻盈，化石分布在北美洲。

丘布特龙 Chubutisaurus

一种生活于白垩纪早期的恐龙。它的化石被发现于阿根廷的丘布特省，化石只有部分四肢骨头及颈椎。据估计，它的身长约为 23 米，是一种草食性的恐龙。

秋田龙 Wakinosaurus

一种生活于白垩纪的兽脚亚目恐龙的一属，化石被发现于日本九州，化石仅有一颗牙齿，牙齿基部约长 3.29 厘米、宽1.04 厘米。命名者冈崎美彦。

酋尔龙 Quilmesaurus

一种生活于白垩纪晚期的兽脚亚目恐龙。正模标本化石是 20 世纪 80 年代，由一群阿根廷国立图库曼大学的野外工作小组，在 Allen 地层底部的河流砂岩层发现的。化石标本并不完整，只有右股骨后半段与完整的右胫骨。命名者科里亚。是一种肉食性恐龙。

R

肉龙 Sarcosaurus

一种生活于侏罗纪早期的腔骨龙科恐龙，是一种原始的兽脚亚目恐龙，化石被发现于英国，目前发现的肉龙化石包括部分骨骸，发现于英格兰的下里阿斯地层，是一种肉食性恐龙。

S

桑塔纳盗龙 Santanaraptor

一种生活于白垩纪早期的恐龙。1996年在巴西发现它的化石，是桑塔纳盗龙的幼年个体，化石不完整，主要是身体后半部的骨头。是一种肉食性的恐龙。

杉山龙 Sugiyamasaurus

一种生活于白垩纪晚期的圆顶龙科恐龙。化石被发现于日本福井县的胜山市，只有一些匙状牙齿化石。命名者大卫·兰伯特。是一种草食性的恐龙。

闪电兽龙 Fulgurotherium

一种生活于白垩纪早期的棱齿龙科恐龙，化石被发现于澳大利亚新南威尔士州的闪电山脉，该地以猫眼石矿区与恐龙化石而著名。模式种是南方闪电兽龙，由胡艾尼于1932年正式描述，是一种杂食性恐龙。

神州龙 Shenzhousaurus

一种生存在白垩纪早期的似鸟龙科恐龙，化石标本被发现于辽宁省北票市的义县组的底部河相冲积层，这个标本的头部位于躯干之上，是标准的死亡姿势，部分骨骼遗失。神州龙仅有一个东方神州龙模式种，是由季强、彼得·马克维奇与马克·诺瑞尔、姬书安等人在2003年叙述、命名。

似鹈鹕龙 Pelecanimimus

一种生活在白垩纪时期的兽脚亚目恐龙，也是欧洲发现的第一种似鸟龙。化石被发现于西班牙。它有大约220颗牙齿，

似鹈鹕龙

数量超过了其他已知的兽脚亚目恐龙。它的身上存在着长有羽毛的证据。

首都龙 capitalsaurus

一种生活于白垩纪早期的恐龙，化石是在1898年1月被发现于华盛顿哥伦比亚特区的两条街的交汇点，这个交汇点现被称为"首都龙公园"，该化石是因为渠务工程被发掘出来的，只有一节部分脊椎。

丝路龙 Siluosaurus

一种生活于白垩纪早期的恐龙，中文意为"丝路蜥蜴"，化石被发现于中国甘肃省的新民堡群，正模标本是两个牙齿，可能是一种杂食性的恐龙。

速龙 Velocisaurus

一种生活于白垩纪的恐龙，化石被发现于阿根廷。仅发现后腿骨头化石，从后腿与脚掌显示它们适合奔跑，因此取名为速龙。命名者波拿巴。是一种肉食性恐龙。

索诺拉龙 Sonorasaurus

一种生活于白垩纪中期的腕龙科恐龙。化石被发现于美国阿利桑那州南部。是第一个被发现的白垩纪中期的北美洲腕龙科恐龙。命名者罗纳德·拉特克维奇。是一种草食性恐龙。

T

特暴龙 Tarbosaurus

一种生活于白垩纪晚期的暴龙科恐龙。化石大部分被发现于蒙古，在中国发现了很多破碎的骨头。特暴龙体长最长可达 12 米，体重最重达 7.5 吨，是大型、二足肉食性恐龙。

W

瓦尔盗龙 Variraptor

一种生活于白垩纪晚期的驰龙科恐龙。它的模式标本化石包括一节后段背椎、一根由 5 节荐椎愈合而成的荐骨、一个肠骨。命名者比弗托等人。是一种肉食性恐龙。

文雅龙 Abrosaurus

一种生活于侏罗纪早期的蜥脚形亚目恐龙，也可能是雌性异齿龙。主要分布在南非。

X

膝龙 Genusaurus

一种生活于白垩纪的阿贝力龙科恐龙，化石被发现于法国，据估计，它的身长约为 9.8 米，体重约为 1.5 吨，是一种肉食性恐龙。

特暴龙

小力加布龙 Ligabueino

一种生活于白垩纪早期的恐龙，只有 70 厘米长，名字是以意大利医生力加布命名的。它的化石不完整而且破碎，只有股骨、肠骨、耻骨、趾骨，以及颈椎、背椎及尾椎的神经弓。是一种肉食性恐龙。

新猎龙 Neovenator

一种生活于白垩纪早期的兽脚亚目恐龙，生活于白垩纪早期。模式种的第一个化石于 1978 年被发现于威特岛西南方的白垩悬崖，命名者史蒂芬·赫特等人。是欧洲最著名的肉食性恐龙之一。

星牙龙 Astrodon

一种生活于白垩纪早期的侧空龙科恐龙，是腕龙的近亲。它的化石被发现于美国马里兰州的别登堡附近，地层属于阿伦德尔组，只有两个牙齿。模式种为强森氏星牙龙。命名者瑟夫·莱迪。是一种草食性恐龙。

雪松龙 Cedarosaurus

一种生活于白垩纪早期的腕龙科恐龙。化石被发现于美国犹他州，体型巨大，在 1999 年由蒂德韦尔、卡朋特及布鲁克斯描述、命名。它的特征是鼻部隆起，是一种大型的草食性恐龙。

Y

雅尔龙 Yaverlandia

是一种生活于白垩纪早期的兽脚亚目恐龙，化石是一个部分头颅骨，被发现于英格兰威特岛的早白垩纪地层。由发现的部分头颅骨观察，它的头顶非常厚。是一种草食性恐龙。

亚洲角龙 Asiaceratops

一种生活于白垩纪晚期的角龙科恐龙，它的化石被发现于中国、蒙古及乌兹别克斯坦。在 1989 年正式被命名。是一种植食性的恐龙。

伊斯的利亚龙 Histriasaurus

一种生活于白垩纪早期的雷巴齐斯龙科恐龙。化石被发现于克罗地亚的伊斯特拉半岛。模式种是博氏伊斯的利亚龙。命名者达拉·维齐亚。是一种大型的草食性恐龙。

优腔龙 Eucamerotus

一种生活于白垩纪早期的恐龙，化石被发现于英格兰怀特岛的威塞克斯组，地质年代属于下白垩纪贝里亚阶。它的化石只有一些脊椎。命名者约翰·赫克。是一种草食性的恐龙。

Z

重腿龙 Bradycneme

一种生活于白垩纪时期的恐龙，化石被发现于罗马尼亚特兰西瓦尼亚的哈提格盆地，地质年代为上白垩纪麦斯特里希特阶。它的化石是部分的右胫跗骨，曾经被认为是来自已灭绝巨大猫头鹰的科。命名者科林·哈里森及西尔·沃克，意思是"笨重的腿"。

朱特龙 Iuticosaurus

一种生活于白垩纪早期的恐龙。化石被发现于英国，模式种是凡登朱特龙。它与泰坦巨龙很相似，有 10~20 米长。命名者休尼。是一种草食性的恐龙。

索引